KB166791

피부를 펴야 인생이 핀다

**소중한 내 피부를 위한 최고의 셀프 코칭!**

# 피부를 펴야 인생이 핀다

강선자 지음 · 이은지 그림

## CONTENTS

## 피부 문제 해결하기

## 좋은 인상 얼굴 만들기

추천사

# 밝고 건강한 피부로 인생을 꽃피우자!

사람들은 태어나면서부터 가슴속에 수많은 소망을 안고 살아간다. 어릴 적에는 단순하고, 생존을 위한 소망이 주를 이룬다. 하지만 점차 나이를 먹고 성장해 가면서 그 소망은 다양해지고, 복잡해진다. 대표적인 것으로 경제적 여유, 사회생활에서의 성공, 단란한 가정, 건강한 몸, 장수 등을 꼽을 수 있다. 이는 인간이라면 가지는 일반적이고도 공통적인 소망이라 할 수 있다. 이러한 소망들을 성취하고 이루기 위해 사람들은 저마다 갖은 노력을 기울인다.

이 책은 우리가 이루고 싶은 소망에 관한 책이다. 주제는 그중 하나인 피부 관리에 관한 것이다. 최근 글루밍족으로 대표되는 외모나 피부를 가꾸는 풍토는 우리 사회에 하나의 유행이 되었다. 보기 좋은 떡이 먹기 좋다는 말도 있지만, 보기 좋은 사람이 호감을 일으키기 때문이리라. 그 때문일까? 과거 여성들의 전유물처럼 취급되던 외모 관리와 피부 관리가 이제 남성들의 관심사로 번져 날이 갈수록 시장이 확대되고 있는 추세다.

그렇다고 해서 외모나 피부에 대한 소망이 최근 들어 갑자기 생겨난 것은 아니다. 과거에도 탄력 있고, 하얗고, 젊은 피부는 모든 이의 소망이었다. 동양의 대표적 미인으로 꼽히는 양귀비만 하더라도 자신의 피부를 가꾸기 위해 황제가 만들어준 온천탕에 여러 가지 한약재를 넣고 매일 6회씩 온천욕을 했고, 탱탱한 피부를 유지하기 위해 사내아이의 소변을 받아먹었다고 하니 그 소망이 얼마나 컸는지 짐작할 수 있다.

한편 피부는 의학적인 면에서 건강이나 몸의 이상을 파악하는 척도로 인식되고 있다. 동의보감 등 오래된 한의학 서적뿐 아니라 현대 의학에서도 피부는 그 사람의 건강을 확인하는 중요한 실마리가 되고 있다. 단지 우리의 근골격을 둘러싼 방어적 외피라고 생각하면 큰 오산이다. 피부는 우리 오장육부를 비롯해 뼈, 근육 등의 건강을 나타내는 신호등이라고 할 수 있다.

이 책은 건강한 피부에 대한 욕구와 목마름을 채워주는 책이다. 《피부를 펴야 인생이 핀다》는 제목처럼 우리는 피부를 통해 그 사람의 인생을 들여다볼 수도 있다. 과거에 비해 영양소를 잘 섭취하고, 의학이 발달하다 보니 평균 연령은 이제 팔십을 넘어섰다. 하지만 정작 스트레스와 환경 호르몬, 가공식품 등 우리 피부에 새로운 적들이 나타났음을 부인할 수 없다.

내가 저자인 강선자 교수를 만난 건 에스테틱 현장이다. 언제나 배움에 갈구함을 보이면서 고객의 피부미용 문제뿐 아니라 불균형을 갖고 있는 신체 건강을 해결해주기 위해 지치지 않는 열정을 보이던 모습은 주변 에스테틱 전문가들의 모범이 되었고, 나에게도 큰 동기부여가 되었다.

이 책은 이렇게 피부미용 문제로 어려움에 처한 사람들의 피부에 그녀만의 특별한 처방전을 제시했다. 피부에 촉촉한 단비를 내려준다. 이 책에서 그녀는 자신의 오랜 현장 노하우와 지식을 엑기스로 만들어 독자들에게 제공하고 있다. 그동안 많은 강의와 교육을 통해 후진들을 양성해 왔던 것에서 이제는 더 넓은 바다로 나가 더 많은 사람들과 교감하고 해법을 전한다는 점에서 이 책은 큰 의미가 있다. 모쪼록 많은 이들이 그녀의 해박한 지식을 경험함으로써 피부를 펴고, 인생이 피기를 기원한다.

한국화장품전문가협회 회장

양일훈

들어가는 글

# 피부 관리도 코칭이 필요하다

좋은 피부를 유지하려면 자기 피부를 아는 게 중요하다. 내가 이 책을 쓴 이유도 많은 사람에게 피부와 피부 관리 상식을 알려주고 싶었기 때문이다. 나는 관리실을 찾는 고객에게 피부 관리도 중요하지만, 피부를 공부하는 기회로 여기도록 한다. 각자 자기 피부를 알아야 스스로 관리할 수 있으므로 고객 한 명 한 명에게 자세히 설명한다.

피부 유형이 수학 공식처럼 딱 떨어지면 관리하기 편하다. 하지만 같은 지성피부, 같은 건성피부라도 다르다. 계절에 따라 다르고, 나이에 따라 다르고, 생활 습관에 따라 다르다. 멀쩡하던 피부가 어느 날 갑자기 뒤집혀서 여드름이 나기도 하고, 온 얼굴이 홍당무처럼 붉어지고 가려워지기도 한다. 너무 건조해서 피부가 찢어지는 듯한 불편함을 호소하기도 하고, 색소침착으로 얼굴이 온통 얼룩덜룩해지기도 한다. 심지어는 운동만 하면 얼굴이 화끈거리고, 컴퓨터 앞에 오래 앉아 있으며 얼굴에 열이 나기도 한다.

누구든지 피부 문제를 해결하려면 제일 먼저 자신의 피부 유형이나 상태를 알아야 한다. 나는 관리실을 방문하기 전 모든 고객에게 1차 문진으로 자신의 생활 습관과 피부를 스스로 진단하도록 한다. 그 다음 방문하면 피부 진단기로 피부 속까지 살펴보며 정확히 진단한다. 세 번째는 촉진으로 한 번 더 피부를 분석한다. 피부 관리는 이처럼 정확히 분석한 후 관리해야 좋은 결과를 얻을 수 있다.

갑작스럽게 피부에 문제가 발생했을 때 아는 상식으로 혼자 해결하려고 하지만 잘못된 지식으로 인해 낭패를 보는 경우가 종종 있다. 물론 요즘에는 얼마든지 피부 관리에 관한 정보를 얻을 수 있다. 인터넷을 검색하면 피부 관련 정보가 넘쳐난다. 하지만 그 많은 정보 속에서 자신의 부피 유형이나 상태에 맞는 해결책을 찾기란 쉽지 않다. 대부분의 사람이 단편적인 부분만 보거나, 보고 싶은 것만 보기 때문이다. 정확한 정보를 어디서 찾아야 할지 모르는 경우도 많다.

나는 고객에게 피부에 관한 문제가 생기면 24시간 코칭을 받을 수 있도록 회선을 열어 두고 있다. 피부 문제가 발생했을 때 도움 받을 곳이 있다고 생각하면 얼마나 안심이겠는가. 피부에 고민이 있으면 언제든지 물어보고 해결하도록 네이버 카페도 준비하고 있다. QR코드를 찍고 들어와서 피부 문제를 어떻게 해결해야 할지 고민을 남기면 해결 방법을 들을 수 있다.

일주일은 168시간이다. 일주일에 1시간씩 관리를 받으면 나머지 167시간은 스스로 관리해야 한다. 167시간을 어떻게 홈 케어하는지에 따라 피부가 건강할 수도 있고, 그렇지 않을 수도 있다. 잘못된 습관을 고치고, 좋은 습관은 유지하며, 피부 관리 방법을 제대로 코칭 받으면 피부는 정말 좋아진다. 《피부를 펴야 인생이 핀다》는 집에서도 혼자 할 수 있는 피부 관리 방법을 알려주기 때문에 의미가 있다.

이 책은 모두 5장으로 구성했다.

1장에서는 인상이 왜 중요한지를 다뤘다. 특히 첫인상에 영향을 미치는 요소가 무엇이고, 인상이 인생에서 얼마나 중요한지 설명한다. 단지 얼굴 피부뿐 아니라 첫인상에 영향을 미치는 외모, 표정, 목소리, 자세와 걸음걸이까지 다뤘다.

2장에서는 좋은 피부를 만드는 방법을 설명했다. 화장을 지우는 방법, 피부 구조, 계절별 피부 관리 요령, 피부 유형에 맞는 올바른 화장품 사용법을 알려준다.

3장에서는 피부 문제의 해결 방법을 다뤘다. 특히 여드름과 피부 노화에 대처하는 방법은 그동안 잘못된 상식으로 낭패를 본 경험이 있는 사람이라면 유용하다. 이 장을 읽고 나면 피부 문제를 스스로 관리할 수 있다.

4장에서는 작고 탄력 있는 얼굴로 좋은 인상을 만드는 방법을 알려준다. 사각턱, 팔자 주름, 다크써클로 고민하는 여성에게 희소식이다. 피부 관리 성공 사례를 실어 비슷한 문제로 고민하는 독자라면 도움을 얻을 수 있도록 했다.

5장은 목, 등, 허리, 다리 문제를 해결하는 방법을 다뤘다. 거북목이나 허리와 다리 문제로 고통을 호소하는 사람이 늘고 있다. 이런 문제가 어떻게 얼굴까지 영향을 끼치는지 설명했다. 아울러 목 통증, 굽은 등, 팔자 다리를 스스로 교정하는 방법을 안내한다.

이 책에서 피부란 피부만을 의미하지 않는다. 인상을 보여주는 모든 요소를 피부로 함축했다. 목소리, 꿀광나는 피부, 얼굴의 인상, 바른 자세, 행동거지, 마음가짐을 의미한다. 당신이 《피부를 펴야 인생이 핀다》를 읽고 얻는 가장 큰 선물은 피부뿐 아니라 아름다움에 악영향을 끼치는 다양한 문제를 스스로 개선할 수 있다는 사실이다. 이 책은 이미지를 첨부하여 누구나 쉽게 실행할 수 있도록 도왔다. 당신에게 있는 문제가 이 책의 도움으로 개선된다면 그만한 보람도 없다.

마지막으로 오드리 헵번이 임종 직전에 두 아이에게 들려줬다는 '세월이 일러주는 아름다움의 비결'을 소개한다. 샘 레번슨Sam Levenson이 지은 시에 덧붙인 내용이다. 오드리 헵번은 이 글을 통해 진정한 아름다움이 무엇인지 잘 표현했다.

〈세월이 일러주는 아름다움의 비결〉

매력적인 입술을 원하면 친절한 말을 하세요.

사랑스러운 눈을 원하면 사람들 속에서 좋은 것만 보세요.

날씬한 몸매를 원하거든 굶주린 사람들과 음식을 나누세요.

아름다운 머릿결을 원하면 하루 한 번 어린아이가 당신의 머리를 쓰다듬게 하세요.

아름다운 자태를 원하면 절대로 홀로 걷고 있지 않다는 것을 명심하며 걸으세요.

사람은, 상처로부터 치유되어야 하고, 새로워져야 하고, 회복되어야 하고, 교화되어야 하고, 속죄하고 속죄해야 해요.

누구도 버려두지 마세요. 기억해요,

당신이 도울 손이 필요하다면, 팔 끝에 손이 하나 있다는 것을요.

나이가 들면서 손이 두 개라는 것을 알게 되지요.

하나는 자신을 위해 돕기 위한 손이고 다른 하나는 남을 돕기 위한 손이지요.

여인의 아름다움은 입은 옷이나 타고난 자태와 빗은 머리 모양에 있지 않아요.

여인의 아름다움은 그녀의 눈에서 찾아야 하지요.

눈은 사랑이 머무는 곳인 심장의 관문이기 때문이에요.

여인의 아름다움은 얼굴의 매력점에 있는 게 아니에요.

여인에게 있는 진정한 아름다움은 영혼 속에 반영되어 있어요.

그것은 사랑스럽게 주는 배려, 보이는 열정,

세월이 흐를수록 성숙해지는 여인의 아름다움에 있어요.

겉모습보다는 속을 가꾸라는 의미다. 올바른 생각, 올바른 자세, 올바른 행동이 당신을 아름답게 가꾸어 줄 것이다.

저자 강선자

# 감사의 글

6~7년 전 꿈 노트에 적어 놓은 책 출간 목표가 이렇게 결실을 본 것은 많은 분이 함께해주셔서 가능했다. 먼저 하나님께 감사드리고, 이 책이 나오기까지 함께해주신 분들께 감사드린다.

믿음의 롤모델이신 소강석 목사님과 성정자 전도사님, 성장하도록 항상 교육의 장을 마련해주신 한국열린사이버대학교 김은주 학과장님, 피부 미용을 연구할 때 가야 할 길과 방향을 일러주신 이재천 교수님, 책을 쓸 수 있도록 권면해주신 심길후 회장님, 교육의 길잡이가 되어 주신 양일훈코스메틱아카데미 양일훈 박사님, 캐나다에서 체형 교정으로 의료선교를 도우며 많은 사람을 이롭게 하시는 엘리야 최 의사 선생님, 교육에 열정을 갖게 해주신 끌리

메 이은 대표님, 맞춤형 화장품 교육의 길잡이 코스모마이징 김경표 대표님, ㈜지에프씨생명과학 강희철 대표님, 가치플러스㈜ 홍지연 대표님, ㈜MK유니버셜 이미경 대표님, 가인미가 조승아 대표님, 힘들 때마다 코칭해 주신 이봉균 코치님, 윤민채 멘토님, 오단비 매니저님, 노태환 팀장님, 정보한 팀장님, 송석환 프로님, 함께 성장하고 공부에 열정을 함께 불태우는 장덕순 사장님, 강정화 사장님, 김영제 사장님, 열린고스트의 최운호 교수님. 남현희 교수님, 김세진 교수님, 이승자 교수님, 정승연 교수님, 위희정 교수님, 옆에서 힘이 되어 주신 이은진 원장님, 김성희 원장님, 윤경순 원장님, 김성권 원장님, 매일 말씀으로 하루를 열게 해주신 이희순 님, 이현주 님, 우춘환 님, 유영미 님, 전영광 님께 감사의 마음을 전한다.

책을 쓰는 과정에서 끊임없이 도움을 주신 미래경영연구원 오정환 원장님, 멋진 일러스트로 책의 완성도를 높여준 이은지 님, 부족한 원고를 다듬어 보석 같은 책으로 펴내 주신 호이테북스 김진성 대표님 정말 고맙습니다.

한 분 한 분 일일이 이름을 쓸 수 없지만 사랑하는 애띠애 모든 고객님께도 감사하다. 아울러 애띠애의 든든한 안해란 매니저, 묵묵히 잘 성장해주는 막내 강예빈 선생, 다시 찾아준 최영주 선생께도 고맙다.

함께 시간을 보내지 못해도 이해하고 물심양면으로 도와준 남편, 엄마가 함께 놀아주지 못해도 묵묵히 잘해주는 우리 아들 선민이, 항상 저를 위해 기도해주신 어머니 아버지, 사랑하는 가족에게 고마운 마음을 전한다.

# 1장

# 인상이 바뀌면 인생이 바뀐다

# 첫인상이 성공의 반을 차지한다

남루한 옷차림을 한 남성이 말을 걸어왔다. 딱 봐도 빈티가 난다. 나도 모르게 '이 남성 뭐야?' 하며 한 발짝 물러섰다. 남성이 뭐라 말하는데 하나도 들리지 않았다. 그냥 자리에서 피하고 싶을 뿐이었다. 얼마 뒤 말끔하게 생긴 남성이 길을 물었다. 인상이 참 좋았다. 나도 길을 모르면서 스마트폰으로 지도 검색까지 하며 알려주었다. 전화번호까지 주었다. 은근히 기분도 좋았다.

첫인상이 끼치는 영향을 연구하려고 길거리에서 진행한 실험이다. 실험에 참여한 여성들에게 두 남성의 연봉은 어느 정도 되는지, 직업은 무엇인지 예측해 보라고 했다. 아울러 남성의 호감도는 각각 몇 점 정도 되는지도 질문했다. 예상한 대로 첫인상이 나쁜 남성에게는 부정적인 답변이 이어졌고, 첫인상이 좋은 남성에게는 호의적이고 긍정적인 답변이 이어졌다.

실험에 참여한 대부분 여성이 첫인상이 나쁜 남성의 직업은 일용직, 음식점 배달원처럼 최저 시급을 받거나 돈을 제대로 벌지 못하는 직업군을 선택했다. 심지어 무직이라고 답변한 사람도 있었다. 사귀고 싶거나 사위 삼는 건 어떻게 생각하냐는 질문에는 '싫다'라는 응답이 대부분이었고, '끔찍하다'라는 반응까지 나왔다. 첫인상이 나쁜 남성은 결혼도 못 하고 혼자 살 것 같다는 응답이 많았다.

첫인상이 좋은 두 번째 남성은 어땠을까? 변호사, 의사 같은 전문직 종사자거나 대기업 회사원 정도로 예측했다. 억대 연봉 이상을 예측한 답변이 많았다. 이런 남성이라면 '사위 삼고 싶다', '교제하고 싶다'라고 응답한 사람이 많았다.

이 실험에는 놀라운 사실이 하나 있다. 첫 번째 남성과 두 번째 남성이 같은 사람이었다는 것이다. 동일인이라는 사실에 실험에 참여한 여성들은 놀랐다. 같은 사람이라도 어떻게 꾸미느냐에 따라 첫인상이 천지 차이라는 사실이 증명된 것이다.

실험에 참여한 남성도 결과에 놀랐다. 남성은 회사 대표지만 평소 털털하게 다니며 다른 사람 눈을 의식하지 않고 살았다고 한다. 누가 나를 어떻게 보든 무슨 상관이냐는 태도를 지녔던 남성은 자신이 형편없는 사람으로 취급받았다는 사실에 충격을 받았다. 자존심에 금이 갔다고까지 말했다. 남성은 애써 웃으며 앞으로 좋은 인상을 주도록 자신을 가꾸겠다는 말을 남겼다.

혹시 집을 사거나 판 적이 있는가? 같은 크기 집이라도 가구가 어떻게 놓여 있느냐에 따라 넓어 보이기도 하고 작아 보이기도 한다. 집을 사려고 구경하는데, 벽지가 여기저기 뜯겨있거나 변색되었거나 집 안이 지저분하면 사고 싶지 않다. 집 구조나 편리성과는 상관없다. 첫인상이 좋지 않기 때문이다. 집을 제값 받고 팔려면 도배도 새로 하고, 필요 없는 가구나 짐들은 잘 정리해서 집안이 깨끗하고 넓어 보인다는 인상을 주어야 한다.

우리 대부분은 사람을 외모로 판단한다. 말이 안 된다고 생각하거나 잘못됐다고 주장할지도 모르지만 사실이다. 그러니까 사람이다. 사람을 외모로 판단하지 말라고 하지만 그럼 무엇으로 판단하란 말인가. 속은 보지 못하고 외모는 볼 수 있는데. '꼴값한다'라거나 '생긴 대로 논다' 같은 말은 외모와 내면이 그렇게 다르지 않다는 사실을 뜻한다. 게을러 보이는 사람은 진짜 게으르고, 성질 있어 보이는 사람은 진짜로 성질이 있다는 사실은 인생을 살 만큼 산 사람이라면 인정할 것이다.

사람은 첫인상이 좋은 사람에게 끌리게 마련이다. 이 사실은 여러 학자의 연구 결과가 증명한다. 한 보고서에 따르면, 잘생긴 사람이 받는 보수가 보통 사람보다 12~14% 많으며 못생긴 사람들은 보통 사람보다 9% 적다고 한다. 심리학자 레인겐Reingen과 케르난Kernan의 실험도 첫인상이 왜 중요한지 잘 보여주고 있다. 외모의 호감도에 따라 구성한 실험자들이 수백 명을 대상으로 자선단체에 기부를 요청하는 실험을 했다. 실험 결과 매력 있는 실험자는 40% 이상 기부를 얻어 냈지만 매력 없는 실험자는 그 절반 정도밖에 얻어내지 못했다. 이 실험 결과를 바탕으로 생각해보면, 우리가 왜 좋은 인상을 가꾸어야 하는지 이유가 분명하다.

그러면 사람은 무엇을 보고 첫인상이 '좋다', '나쁘다'를 판단할까? 어떤 사람은 얼굴과 표정을 보고, 어떤 사람은 입은 옷을 보고, 어떤 사람은 말씨를 보고 결정한다. 목소리와 성격과 태도가 첫인상을 결정하는 요인이 되기도 한다. 사람마다 더 중요하게 여기는 부분이 있을 테고 당연히 그 부분이 더 크게 보여 첫인상 결정요인이 된다. 얼굴과 표정을 중요하게 생각하는 사람이라면 얼굴만 보고 상대방을 판단한다. 시간 약속을 중요하게 생각하는 사람은 시간을 안 지키는 사람은 다른 면에서도 불성실하다고 판단한다. 시간 약속이 잣대인 셈이다.

우리는 상대방이 어떤 잣대로 사람을 판단하는지 모를 때가 많다. 특히 비즈니스를 하면 만나는 고객이 무엇을 보고 사람을 판단

할지 모른다. 따라서 첫인상을 결정하는 요소 어느 것도 소홀히 하면 안 된다.

사람은 짧은 시간에 많은 걸 판단한다. 첫인상을 판단하는데 걸리는 시간은 4초에 불과하다. 4초 만에 뇌에 착 달라붙은 첫인상은 쉽게 바뀌지 않는다. 이를 '초두효과'라고 한다. 첫인상은 콘크리트와 같다. 콘크리트처럼 금방 굳어 버리고, 한번 굳은 콘크리트가 쉽게 깨지지 않듯이 한 번 새겨진 첫인상도 쉽게 바뀌지 않는다. 첫인상에는 기회가 두 번 오지 않는다. 실수 한 번으로 상대방 마음을 영영 닫게 만들기도 한다.

첫인상이 좋으면 여러 면에서 성공할 가능성이 크다. 첫인상은 그만큼 중요하다. 인상이 좋으면 가치가 올라가고 가치가 올라가면 인생이 활짝 필 가능성이 크기 때문이다.

## 2 끌리는 첫인상을 만들어라

마음을 여는 첫 번째 열쇠가 첫인상이다. 첫인상을 판단하는 데 얼마나 걸릴까? 상대방의 첫인상이 좋은지 안 좋은지 우리 뇌는 아주 순간적으로 결정한다. 사람의 뇌를 자기공명영상장치로 촬영한 연구진은 언론과의 인터뷰에서 '처음 만나는 사람과 인사를 나누는 짧은 순간 자신도 모르게 상대방을 향한 호감/비호감이 이미 결정된 상태'라고 말했다.

상대방을 처음 만나는 순간 이미 '좋다', '나쁘다'를 판단한다는 뜻이다. 화장을 안 하고, 머리도 안 감고, 대충 옷을 입고, 슬리퍼를 신은 채 사람을 만나면서 나는 진실하고 정직한 사람이니 나와 비즈니스를 하면 당신에게 큰 도움이 된다고 주장한들 믿어주는 사람이 한 명도 없을 것이다. 이미 상대방 머릿속에 비호감으로 결정되었기 때문이다. 이제 첫인상을 결정하는 요소를 하나하나 살펴보자.

## 외모

첫인상을 결정하는 첫 번째 요소는 외모다. 외모에서 풍기는 이미지가 좋으면 큰 혜택을 얻고, 나쁘면 손해를 본다. 당신 외모가 매력적이지 않다면 매력적으로 보이는 방법을 배워야 한다. 훤칠한 키, 예쁘거나 잘생긴 얼굴, 균형 잡힌 몸매를 타고났으면 인생을 살아가며 여러모로 유리하다. 잘생긴 사람은 능력도 많고, 머리도 좋고, 착하다고 생각하는 믿음을 '외모의 후광효과'라고 한다. 외모를 고쳐주는 사업이 성행하는 이유는 좋은 외모가 그만큼 유리하기 때문이다.

외모가 매력적인 교수는 학생들한테 강의 평가를 좋게 받고, 외모가 멋있는 변호사는 신뢰를 주는 첫인상 덕분에 월급을 더 많이 받는다는 조사 결과는 외모의 중요성을 잘 보여준다. 비즈니스를 할 때 좋은 외모는 고객의 호감을 얻는 데 유리하다. 여성이건 남성이건 좋은 외모를 갖춘 사람에게 끌리는 것은 어쩔 수 없다.

호감을 주는 외모는 어떤 모습일까? 외모의 많은 부분은 타고나지만 좋은 외모를 타고났다 하더라도 사람에게 호감을 주도록 가꾸는 일은 필요하다. 먼저 옷차림에 신경 써야 한다. 사람은 옷 입는 모양으로 상대방 직업이나 사회적 위치를 추측한다. 아울러 믿을 만한 사람인지 그렇지 않은 사람인지 판단한다. 다음 기사는 우리나라에서 복장이 첫인상에 얼마나 큰 영향을 끼치는지 보여준다.

취업포털 '사람인'이 기업 인사담당자 231명을 조사한 결과에 따르면, 옷차림 때문에 면접에서 지원자를 떨어뜨린 적이 있다는 응답자가 전체의 48.1%에 달했다. 기업 형태별로 보면 대기업 76.9%, 공기업 75%, 중소기업 57.9%, 외국계 기업 37.5%로 나타났다. 인사담당자들은 남성 지원자의 '꼴불견 옷차림'으로 세탁하지 않은 옷을 입은 경우(52.8%)를 가장 많이 꼽았다. 여성 지원자는 과도하게 노출된 상의(68.8%)와 요란한 액세서리(56.3%)를 좋지 않은 인상을 주는 옷차림으로 지적했다. (연합뉴스)

비즈니스를 하는 사람은 일에 따라 옷차림이 달라야 한다. 친근한 인상을 주는 옷차림을 해야 한다. 상황에 맞게 옷을 입고, 만나는 사람에 따라 다른 옷을 입어야 하지만 전체적으로 보수적이어야 한다. 여성이라면 특히 그렇다. 야하거나 노출이 많은 복장은 시선을 받기는 해도 호감을 얻지는 못한다. 어깨가 드러나거나 배꼽이 드러나는 옷, 가슴골이 살짝 보이는 옷이나 지나치게 짧은 치마는 입지 말아야 한다. 치마는 길이가 약간 길어야 좋다. 치마의 끝이 다리의 가장 가는 부분에 닿은 것이 가장 예뻐 보인다. 종아리와 무릎의 경계선이 가장 우아한 곡선을 이루기 때문이다. 일자 치마는 무릎을 덮는 정도가 좋다. 무늬가 너무 요란한 옷은 전문적인 이미지와 거리가 멀다. 폭이 너무 좁은 치마도 좋지 않다.

액세서리는 한 가지를 해도 값이 나가는 것을 하되 지나치게 크거나 현란하면 역효과가 난다. 커서 안 좋은 것은 핸드백도 마찬가지다. 가방은 적당한 크기에 안은 잘 정돈되어 있어야 한다. 화장은 엷은 것이 좋다. 짙은 화장은 비즈니스에 도움이 되지 않는다. 자연미가 돋보이는 화장이 유리하다. 머리 모양도 단정해야 한다. 요란스러운 머리 모양은 사람의 호감을 얻지 못한다. 성공한 사람들의 머리카락은 한결같이 짧다는 사실을 명심하라. 잘 관리하지 않은 신발은 부정적인 인상을 준다.

체중은 표준체중보다 20%가 넘으면 사람에게 신뢰를 얻기 힘들다. 좋은 몸매는 유리하다. 정장이나 코트를 입으면 바깥 주머니에 아무것도 넣지 마라. 휴대전화, 자동차 열쇠, 손지갑 같은 소지품은 모두 가방에 넣고 사람을 만나라. 외모는 전체적으로 평범하고 눈에 잘 안 띄는 보수적인 모습이 유리하다. 개성 있는 외모는 사람에게 주목을 받을 수는 있겠지만 비즈니스 할 때나 직장생활에서는 불리하다. 시선만 사로잡을 게 아니라 가슴을 사로잡아야 한다.

## 표정

첫인상을 결정하는 두 번째 요소는 표정이다. 자연스럽고 편안하게 웃는 모습이 좋다. 웃는 모습이 예쁘고 자연스러우려면 얼굴 근육의 탄성이 좋아야 한다. 어린아이들 웃음을 보면 참 자연스럽다. 근육이 경직된 얼굴은 울퉁불퉁해 보이고 뭔지 모르게 어색하다.

웃는 표정은 만들 수 있다. 연습으로 가능하다. 가장 먼저 책상이나 식탁같이 평소 자주 머무는 곳에 탁상용 거울 하나씩을 놓아두자. 그다음 거울을 보며 웃는 연습을 해보자. 이런 표정 저런 표정을 짓다 보면 멋있어 보이는 표정, 사람에게 신뢰를 주는 표정을 찾아내게 된다. 그 표정을 집중적으로 연습하면 된다. 양치질할 때 거울을 보며 연습해도 되고, 화장실에서도 가능하다. 양 볼이 얼얼해질 때까지 반복하면 연습한 표정을 외우게 되고 어느 순간부터 나도 모르게 그 표정을 짓는다. 속상한 순간에도, 기분 나쁜 일이 생겨도 웃는 표정은 지을 수 있다. 놀라운 점은 웃는 표정을 지을수록 기분이 안정되고 마음이 편안해진다는 사실이다.

좋은 표정을 결정짓는 요소는 눈, 코, 입인데, 웃는 연습을 하면 이들 모양이 바뀌면서 좋은 인상을 준다. 즉, 콧방울이 탄력 있게 발달하고, 인중코와 윗입술 사이이 두툼해진다. 광대뼈가 발달하고, 입꼬리가 올라간다. 인상학 분야를 개척한 주선희 씨에 따르면 이런 얼굴은 재물복과 명예가 있는 상이다. "웃으면 복이 온다"라는 말이 사실인 듯싶다. 생김새야 고치려면 큰 비용이 들지만, 표정은 노력으로 얼마든지 고칠 수 있다.

뇌 과학자들이 밝혀낸 거울 신경세포는 왜 미소를 지으며 밝은 표정으로 사람을 만나야 하는지 알려주는 증거다. 우리는 텔레비전이나 영화에서 잔혹한 장면이 나오면 얼굴을 찡그린다. 반면 웃는 얼굴이나 재미있는 표정을 보면 미소를 짓는다. 뇌 속에 있는 거울 신경세포 때문이다. 미소를 띠고 활기찬 모습으로 사람을 만나야 상대방도 미소를 띤다.

다음의 '은은한 미소 7단계'는 자존심 상하는 일을 겪었을 때, 까다로운 사람을 만났을 때, 이해할 수 없는 사람 때문에 속상할 때 도움이 된다. 마음속 분노와 속상함이 사라지는 방법이다.

**은은한 미소 7단계**

**1. 아침에 처음 일어날 때:** 눈을 뜰 때 '미소'를 떠올릴 수 있는 어떤 것을 정해둔다. 침대에서 일어나기 전에 이런 시간을 몇 초 동안 가진다. 부드럽게 숨을 세 번 정도 들이마시고 내쉬고 해본다.

**2. 자유로운 시간이 주어질 때:** 당신이 앉아 있든 서 있든, 어디에서든 은은한 미소를 짓는다. 그러고 나서 조용히 3회 동안 숨을 들이마시고 내쉰다.

**3. 음악을 듣는 동안:** 하루 음악 한 곡을 2~3분가량 듣는다. 딴생각에 빠지지

말고, 듣고 있는 음악의 가사, 운율, 리듬, 감정에 집중한다. 자신이 숨을 들이마시고 내쉬는 것을 관찰하면서 은은한 미소를 짓는다.

**4. 신경질이 날 때:** '지금 신경질이 나 있다'는 생각이 들 때마다 은은한 미소를 짓는다. 그러면서 조용히 숨을 들이마시고 내쉬는 것을 3회 동안 한다.

**5. 누울 때:** 매트리스나 베개가 없는 평평한 곳에 등을 대고 눕는다. 두 팔을 느슨하게 내려놓고 두 다리는 약간 벌리고 은은한 미소를 짓는 것을 유지한다. 이것을 15번의 호흡 동안 지속한다.

**6. 앉은 자세에서:** 등을 꼿꼿이 하고 바닥에 앉거나 의자에 앉아서 은은한 미소를 지으면서 숨을 들이마시고 내쉰다.

**7. 가장 미워하거나 경멸하는 사람을 생각하는 동안:** 먼저 조용히 앉아 은은한 미소를 짓는다. 그리고 자신을 가장 괴롭게 했던 사람의 이미지를 상상해 본다. 가슴속에 그 사람에 대한 공감이 솟고 분노와 원한이 점차 사라질 때까지 은은한 미소 짓기를 계속한다. (조선일보)

자주 웃으면 얼굴 근육의 탄성이 좋아지므로 웃는 표정이 매우 자연스럽다. 얼굴 스트레칭을 하거나 얼굴 근육을 손으로 풀어서 긴장한 근육을 풀 수도 있다. 요즘은 작은 얼굴 관리라는 이름으로 관리실에서 많이 진행한다. 얼굴 근육이 뻣뻣하게 굳으면 얼굴이 커지고 벌어져서 인상도 변한다. 얼굴 근육을 관리하면 굳은 근육도 이완하고 탄력 있는 근육으로 만들 수 있다.

좌우대칭이 잘 맞고 반듯해 보이는 사람은 그렇지 않은 사람보다 인상이 좋다. 요즘은 스마트폰이나 컴퓨터를 많이 하여 대부분 몸이 틀어져 있다. 거북목이 되고 등이 굽었다. 골반이 틀어져서 허리 통증까지 호소한다. 한쪽으로 밥 먹고 한쪽 어깨로 가방 메고 한쪽 근육만 과다하게 사용하면 몸이 틀어지고 얼굴도 틀어진다.

스마트폰에서 '남이 보는 거울 앱'을 내려받아 사용해 봤다. 내가 보는 얼굴과 남이 보는 얼굴이 아주 달랐다. 분명 내 모습인데 평소보다 훨씬 못생겼다. 얼굴이 엄청나게 틀어져 있었다. 내가 보는 얼굴과 남이 보는 얼굴이 왜 다를까? 좌우대칭이 안 되기 때문이다. 비대칭이 심한 사람일수록 반전 거울에 비치는 모습이 못생기게 보인다. 그렇다고 실망하지 마라. 뒤틀린 몸을 바로 잡으면 첫인상도 좋고 예뻐지며 몸도 건강해지는 효과가 있다.

## 피부

피부가 좋으면 품격이 높아 보인다. 피부에 광이 나고 윤기가 흐르면 매력도가 올라간다. 좋은 피부는 타고나기도 하지만 얼마나 잘 가꾸느냐에 따라 달라진다. 연예인을 보면 마치 나이를 먹지 않는 듯하다. 특히 처음 나올 때보다 시간이 지날수록 예뻐지는 연예인을 많이 본다. 비법이 있나 싶을 만큼 피부에 윤기가 흐른다. 그만큼 자신을 가꾸려고 노력하기 때문이다. 예쁜 건 타고나지만 아름다움은 만들어가야 한다.

이 책을 읽는 지금이 당신에게 가장 젊고 예쁜 순간이다. 가장 예쁠 때 가꾸고 사랑하면 노화 속도를 늦출 수 있다. 나이 먹는 것은 막지 못하지만 피부 나이는 늦출 수 있다. 노화 속도가 남들보다 느리면 더 생기 있는 피부를 유지하게 된다.

# 당당한 첫인상이 신뢰를 준다

## 말씨와 목소리

중국 당나라 때는 관리가 되려면 네 가지 조건을 갖춰야 했다. 신언서판身言書判이다. 신은 용모, 언은 말씨, 서는 글과 글씨, 판은 판단력을 뜻한다. 말씨는 말하는 태도나 버릇을 말하는데, 관리가 되어 백성을 다스리는 데 중요했던 모양이다. 주선희 씨는 《얼굴경영》에서 "언어의 격으로 귀천을 읽는다"고 했다. 마음이 고귀하면 자연히 언어도 고상하게 나오고, 여유가 있다. 기운이 강하면 느긋하면서 확실하게 말한다. 단전에서 시작되는 목소리는 몸이 건강하며 강한 운세로 최고로 평가된다고 한다.

말씨는 사람의 마음을 열게도 하고 닫게도 한다. 산부인과를 찾는 많은 여성이 수치심 때문에 여의사에게만 몰릴 것 같지만 실상은 그렇지 않다. 남성 의사는 오히려 여성 의사보다 더 친절하다. 특히 여성이 수치심을 느끼지 않도록 많은 배려를 한다. 요즘 의사들은 친절한 언어를 배우는데, 병원경영에 유리할 뿐 아니라 혹시 모를 의료사고에 대비하기 위함이다.

의료사고는 애매한 경우가 많아 환자 가족 기분에 따라 소송을 하기도 하고, 하지 않기도 한다. 평소 환자에게 친절한 인상을 심어준 의사들이 그렇지 않은 의사들보다 소송률이 낮다고 한다. 말은 친절하고 예의 바르며 정중해야 한다. 특히 어려운 전문용어나 권위적인 말투는 사람에게 좋은 첫인상을 심어주지 못한다.

**말투를 바꾸는 요령**

1. **'~습니다', '~입니다' 같은 완전한 문장을 사용하는 것이 좋다.** 말투에 단정함, 깔끔함이 묻어나오게 하려면 완전한 문장을 사용해야 한다. '~어요', '~죠' 하는 축약된 언어습관을 버려야 한다. 소아적인 느낌이 들 뿐만 아니라 의사소통에 혼선을 준다.
2. **말을 잘하기 전에 상대방 말을 잘 듣는 연습을 하라.** 상대방 말을 가로채거나 말이 끝나기도 전에 내가 해야 할 말을 골똘히 생각하면 즉흥적이거나 서두르는 듯한 말투가 나온다. 그러므로 말을 들으면서

내용뿐만 아니라 상대방의 몸짓, 표정, 눈빛, 말투를 살펴야 한다. 상대방의 시선에 주목하고, 고개를 끄덕이며 맞장구를 치고, 적절한 때에 '네! 네!' 따위의 호응을 보인다.

3. **초면에 반말을 하거나 반말을 섞어서 사용하면 좋은 첫인상을 줄 수 없다.** 상대방이 아무리 연배나 지위가 낮더라도 웬만큼 가까워지기 전에는 함부로 반말을 쓰지 않는다. 상대방은 표현은 안 하지만 가슴속에 분노를 품게 된다. 내가 반말을 섞어서 사용하는 습관이 있는지 여부는 가까운 사람에게 물어보면 바로 알 수 있다. 이런 습관은 언젠가는 큰 실수로 이어져 대가를 치러야 한다.

4. **사투리나 불명확한 발음, 더듬는 말투를 교정하라.** 사투리는 특히 비즈니스 상담에서 불리한 작용을 할 때가 많다. 낯선 단어나 억양 때문에 의사 전달이 명확하지 않거나 오해를 받을 수 있기 때문이다. 사투리, 불명확한 발음, 더듬는 말투를 고치는 가장 좋은 방법은 소리 내어 크게 낭독하는 것이다.

5. **지나치게 큰 목소리나 작은 목소리를 적절한 크기로 바꿔라.** 지나치게 큰 목소리는 자신감이나 진취성과 거리가 멀다. 오히려 경박함이나 시끄러움으로 부정적인 영향을 준다. 가까운 지인에게 목소리 크기를 물어보고 조언을 듣는다.

6. **지나치게 빠른 말투나 지나치게 느린 말투를 교정하라.** 속도가 빠른 말투는 의사소통의 큰 방해요인이다. 이를 교정하려면 책을 또박또박

천천히 낭독하는 것이 아주 효과적이다. 지나치게 느린 말투를 교정하려면 녹음기로 자신의 말투를 확인하여 얼마나 답답한지 스스로 깨닫는 것부터 시작해야 한다.

7. **무의식적으로 빈번하게 사용하는 언어습관을 개선하라.**

- '음~', '에~', '저기~', '있잖아요.~' 같은 말은 교양이 부족해 보이므로 자제하면 좋다.
- '사실은~'의 반복은 그동안 진실이 아닌 말들을 주로 해왔다는 오해를 산다.
- '수고했습니다.'는 윗사람이 아랫사람에게 사용하는 말이다. 아랫사람은 '애쓰셨습니다', '고생하셨습니다' 하고 말하는 게 좋다.
- '좋~겠다'는 말은 부러움이 담긴 말이지만 어떤 때는 비꼬는 듯이 들린다.
- 말끝마다 '그렇죠?' 하고 동의를 구하는 표현은 상대방을 부담스럽게 한다.

《첫인상 5초의 법칙》

목소리도 중요하다. 목소리를 녹음하여 들어본 적이 있을 것이다. 아직 목소리를 들어보지 못했으면 녹음해서 한 번 들어보고, 목소리가 주는 느낌을 객관적으로 평가해 보라. 비음이 섞여 있는지, 힘이 없는지, 신경질적인지, 기어들어 가는 듯한 목소리인지 들어보라. 목소리가 매력을 주지 못한다고 느끼면 고치려고 노력해야 한다. 목소리가 맑은지/탁한지, 굵은지/가는지, 큰지/작은지에 따라 첫인상이 달라진다. 첫인상에서 목소리 호감도가 차지하는 비중은 생각보다 높다.

목소리에 자신감이 묻어나면 상대방에게 신뢰를 준다. 많은 사람이 목소리는 상대적으로 중요하게 생각하지 않는다. 자신의 목소리를 심각하게 고민하는 사람을 보기 힘들고, 목소리를 고쳐보려고 노력하는 사람도 생각보다 많지 않다. 좋은 목소리는 만나서 말을 할 때는 물론이거니와 전화로 약속을 잡거나 상담할 때 안정감과 신뢰감을 준다. 여유 있고 느긋하며 확실하게 말해야 좋다. 배에서 끌어 올리는 목소리는 맑고 정확하다. 이런 목소리는 다른 사람에게 좋은 첫인상을 남긴다.

목소리의 영향력을 깨달은 아세 조세프Arthur Samuel Joseph는 보컬 파워Vocal Power라는 개념을 만들었다. 이는 정신과 육체와 영혼을 통합해 자신의 정체성과 일치하는 목소리를 낼 때 갖는 힘으로, 대중의 마음을 움직이고 삶을 긍정적으로 바꾸는 목소리의 힘을 말한다. 아세 조세프가 쓴 《보컬 파워》에서는 이를 다음과 같이 설명하고 있다.

보컬 파워는 정신, 육체, 영혼을 일체가 되게 한다. 정신적인 차원에서 볼 때 우리의 아이디어나 의견을 목소리를 내서 표현하듯이 우리가 누구인지 나타내는 것은 '목소리'다. 우리는 목소리로 무엇을 표현하려고 할 때, 어떤 말을 하고 어떻게 표현할 것인가를 선택하고 결정한다. 왜냐하면 우리는 자기 생각이나 감정, 해결되지 않은 심리적인 문제들을 말이나 노래로 전달하기 때문이다. 해결되지 않은 심리적인 문제들은 우리의 목소리 표현에 장애가 될 수 있다.

신체적으로 볼 때 허파에서 나온 공기가 목 아래쪽에 있는 성대를 지나면서 진동이 생기고, 그것이 발성 통로를 지나면서 나오는 것이 '목소리'다. 즉 허파에서 나오는 공기의 떨림인 것이다. 목소리는 목과 배의 근육은 물론 신체의 다른 근육들과 호흡을 사용해 만들어지는 것이다. 그러므로 긴장을 하면 소리가 제대로 나오지 못한다. 영혼의 차원에서 볼 때 목소리는 우리 자신이 보여주는 무형의 에너지 또는 생명력이라고 말한다. 이것은 우리가 생명을 유지하는 데 필요한 호흡과 같은 곳에서 나온다.

목소리는 타고나는 것인데 바꿀 수 있을까? 젊었을 때 노래를 잘했던 사람이 나이 들더니 목소리도 안 나온다는 소리를 한다. 반대로 70~80세가 넘은 가수들을 보면 저 연세에 어떻게 저런 목소리가 나는지 부러워할 만큼 목소리가 좋다. 목소리를 바꾸기 위해 돈을 내고 학원에 다니는 사람도 많다. 목소리도 훈련하면 좋아지기 때문이다.

후두는 호흡과 발성에 관여하기 때문에 후두질환은 호흡곤란, 쉰 목소리, 발성 문제를 유발한다. 연골 9개와 골격근이 후두를 구성한다. 후두 주변 근육이 긴장하면 성대 질환이 생기고 목소리가 변형된다. 후두 근육이 약하고 탄력을 잃으면 큰 소리를 내기 어렵다. 조금만 말을 해도 목이 쉽게 피로하다.

목소리가 노화하지 않으려면 목 근육 운동이 필요하다. 성대 질환도 예방하고, 건강하고 좋은 소리를 내는 데는 후두 주변의 긴장된 근육만 풀어줘도 도움이 된다. 갑상연골을 잡고 좌우로 천천히 이동하면서 밀어준다. 원을 그리면서 위아래로 이동하며 갑상연골을 풀어준다. 책에 있는 내용은 영상을 통해 전달하기 위해 현재 준비 중이다. 후두 주변의 긴장을 풀어주는 관리도 QR코드를 통해 들어와서 영상을 보면 이해가 쉬울 것이다.

## 자세와 걸음걸이

우리는 무의식중에 하는 행동으로 사람을 판단하기도 한다. 어깨는 자신감을 나타낸다. 자신감과 활력이 넘치고 자신의 분야에서 잘나가는 사람은 어깨가 쫙 펴지고 힘이 들어간다. 어깨가 처지면 되는 일이 없다. 처진 어깨로 사람을 만나면 좋은 인상을 주지 못한다. 생각대로 일이 안 풀려도 어깨를 펴면 다시 자신감이 생긴다.

어깨에서 이어져 내려오는 등은 우리 몸의 기둥이라고 할 수 있다. 앉아 있을 때나 서 있을 때, 걸을 때 어깨는 쫙 펴고 등을 곧게 세워야 장래가 밝다. 등이 구부정하면 인생이 비굴해진다. 기운 없이 몸을 축 늘어뜨린 자세로 아래를 내려다보는 모습, 경직된 자세로 서 있거나 앉은 모습은 상대방에게 부정적인 인상을 준다.

자세와 걸음걸이에서 몸매는 큰 비중을 차지한다. 건강하고 아름다운 몸매는 첫인상을 돋보이게 한다. 심리학자 울리스의 연구에 따르면, 비만한 사람은 게으르고 나태하다는 첫인상을 준다고 한다. 사교와 비즈니스에서 불리하다.

자신감과 에너지는 걸음걸이에도 나타난다. 주선희 씨는 "걸음은 성격을 반영하며, 성격이 나타난 걸음은 운에 영향을 미친다"고 했다. 가슴을 쫙 펴고 걷는 사람은 무슨 일을 하든지 강한 운이 따르고 사생활도 행복하다. 가슴을 오그리고 걷는 사람은 자신감이 약하며 운기도 나약하다. 고개를 숙인 채 맥없이 터덜터덜 걷는 걸음, 어깨와 팔을 흔들며 걷는 걸음, 턱을 쳐들고 걷는 걸음, 총총걸음으로 바삐 걷는 걸음, 엉덩이를 뒤로 쑥 내밀고 걷는 걸음, 엉덩이를 좌우로 흔들며 걷는 걸음, 질질 발을 끌며 걷는 걸음, 넘어질 듯 급하게 앞으로 쏠리면서 걷는 걸음, 발소리가 큰 걸음, 도둑고양이처럼 인기척 없는 걸음은 모두 나쁜 걸음이다. 일부러라도 경쾌한 걸음걸이를 해야 한다. 만나러 가는 걸음이 경쾌하면 사람을 좋은 기분으로 대할 수 있다.

멘탈 워킹Mental Walking 이라는 말이 있다. 발걸음이 사람의 심리에 영향을 끼친다는 뜻이다. 태도, 자세, 걸음걸이에 좋지 않은 버릇이 있으면 고쳐야 한다. 버릇은 너무 익숙해져서 본인은 잘 모른다. 주변 사람에게 혹시 눈에 거슬리는 버릇이 있으면 알려 달라고 부탁해 보라. 하찮게 생각하는 버릇 때문에 첫인상을 망쳐버리는 일도 있다.

나는 아름다움을 관리하는 사람이다. 진정한 아름다움은 건강한 정신, 건강한 육체, 아름다운 외모에서 나온다. 나는 세 가지 조화가 무엇보다 중요하다고 여긴다. 관리실을 찾는 고객에게 단지 얼굴만 예뻐지는 차원에서 끝나지 않고 내면의 아름다움까지 함께 드리려고 노력한다.

애띠애의 철학은 '앳되고 사랑스럽게 행복한 가치를 드리자'다. 나는 평소 '고객에게 행복을 드리려면 어떻게 해야 할까?' 같은 질문을 많이 한다. 첫인상에 영향을 미치는 얼굴 윤곽과 표정, 피부, 자세, 목소리처럼 겉으로 드러나는 부분도 중요하지만, 내면의 정신 상태가 외적으로 발현된다는 사실을 소중히 여긴다.

외면과 내면의 아름다움을 위해서는 노력이 필요하다. 예쁘게 화장하고 머리도 하고 옷도 멋지게 입고 나가면 자신감이 생긴다. 당당하게 사람을 쳐다보게 되고 아는 척도 더 하고 싶어진다. 카메라로 연신 찍으며 예쁜 모습도 남기고 싶어 한다. 반대로 화장도 안 하고 옷도 촌스럽게 입고 나가면 누가 나를 알아볼까 두려워 모자를 푹 눌러 쓴다. 눈 화장을 안 하면 사람들이 내 눈만 바라볼 것 같아 불편하다. 외모를 가꾸면 외모만 예뻐지질 뿐 아니라 다른 사람을 만날 때 자신감이 생겨 당당하게 대할 수 있다.

태어날 때부터 운명은 정해졌다고 생각하는 사람이 있다. 하지만 어떻게 사느냐에 따라 운명을 바꿀 수 있다. 운명에 영향을 끼치는 인상을 좋게 만들 수도 있고, 나쁘게 만들 수도 있다. 내 운명을 내가 개척한다고 생각하면 자신감이 생긴다. 노력으로 운명을 바꿀 수 있다는 건 매우 흥미로운 일이다.

사람은 모두 좋은 운명을 갖고 싶어 한다. 잘 살고 싶고 예뻐지고 싶어 한다. 좋은 인상을 만들려고 여러 가지 위험을 감수하며 성형수술을 선택하는 사람도 있다. 수술은 부작용도 있고, 회복하는 시간도 많이 걸리고, 만족스럽지 못해도 되돌리기가 어렵다. 수술 후 후유증도 생길 수 있다. 그러다 보니 수술은 쉽게 결정할 수 있는 일이 아니다.

얼굴상이 좋아진다고 해서 인상까지 바뀌는 건 아니다. 인상은 단지 얼굴로만 보지 않기 때문이다. 내면의 모습까지 모두 건강해야 좋은 인상을 준다. 나이가 들수록 얼굴은 자신이 책임져야 한다. 얼굴에서 살아온 삶의 흔적이 묻어나지 않던가. 그래서 얼굴을 보고 인상을 이야기하는 게 아닌가 싶다. 내면이 아름답지 못하면 인상이 절대 좋을 수 없다. 나는 좋은 인상을 가꾸려는 사람들에게 조력자가 되고 싶다.

# 2장

# 매력 있는 피부 만들기

# 화장은 지우는 게 중요하다

좋은 운명으로 행복하게 살고 싶으면 좋은 인상을 주도록 스스로 노력해야 한다. 피부가 좋으면 매력 있는 첫인상을 주는 데 유리하다. 피부 색깔이나 광채가 첫인상에 영향을 주기 때문이다. 주름도 깊이나 결에 따라 인상이 달라 보인다. 피부가 바뀌면 인상이 바뀌고, 인상이 바뀌면 운명도 바뀐다. 피부를 아름답게 가꾸는 일은 자신에게 주는 선물이다.

나이가 들어도 피부가 좋고 광이 나는 사람이 더 매력적으로 보인다. 피부는 내가 얼마나 관심을 두고 사랑하느냐에 따라 다르다. 요즘은 워낙 관리를 잘해서 피부만 보고는 나이를 맞추기 어려울 정도다. 피부를 관리하지 않으면 나이 들수록 피부노화 속도가 빨라진다. 예쁘고 곱게 나이 들어가려면 피부만큼은 제대로 알고 관리해야 한다. 잘 알고 관리하면 좋은 피부를 만들 수 있다.

## 나에게 맞는 세안제를 찾아라

세안제는 모공 속 노폐물, 화장품 잔여물, 각질과 피지를 제거한다. 이런 각종 노폐물을 제거하면서 우리의 피부 장벽까지 제거되고 상처를 받을 수 있다. 세안제의 특성을 알고 사용하면 나에게 맞는 세안제를 찾을 수 있다. 화장품은 물과 기름으로 만들어졌다. 이때 물과 기름 성분이 서로 섞일 수 있도록 만들어 주는 게 계면활성제다. 세안제에서 계면활성제는 때를 분리하는 역할을 해준다. 세안제의 특성에 따라 계면활성제를 다르게 적용한다.

| 분류 | 적용제품 | 특징 | 자극순위 |
| --- | --- | --- | --- |
| 양이온성 계면활성제 | 헤어 린스, 트리트먼트 | 살균 및 소독작용, 유연성과 대전방지 효과 | 1 |
| 음이온성 계면활성제 | 샴푸, 비누, 클렌저, 바디워시 | 거품 형성 잘됨. 세정력 높으나 피부 자극률 높음 | 2 |
| 양쪽성 계면활성제 | 어린이용 비누, 저자극 샴푸 | 비교적 안전성이 높고 예민한 피부에 많이 사용. 세정력이 있음 | 3 |
| 비이온성 계면활성제 | 기초 및 색조화장품 | 피부 자극이 적고 물에서는 이온화되지 않음 | 4 |

〈출처〉《맞춤형화장품조제관리사 한 권으로 끝내기》, 한국화장품전문가협회, (주)시대고시

세안제는 계면활성제에 따라 젤이나 폼처럼 타입이 나누어진다. 젤 타입은 양쪽성 계면활성제나 비이온성 계면활성제 사용으로 자극이 적다. 반면 음이온성 계면활성제가 많이 들어간 세안제는 거품이 많이 일어나고 세정력은 높으나 피부를 알칼리화하여 자극을 줄 수 있다.

피부의 pH는 4.5~5.5 사이 약산성을 유지해야 피부에 들러붙은 바이러스, 세균, 곰팡이를 죽이는 작용을 한다. pH가 높아져서 알칼리화하면 피부 장벽이 무너진다.

세안 후 아무것도 바르지 않은 상태에서 피부가 건조하면 세안제로 인한 자극을 의심해야 한다. 피부 알칼리화로 피부 장벽이 건조해지면 여러 가지 문제가 나타나기 때문이다. 피부가 간지럽거나, 화장품을 바꿨더니 피부 트러블이 생기거나, 얼굴에 작열감이 발생하거나, 여행 다녀와서 물을 바꿨더니 피부에 변화가 있으면 피부가 살균작용을 못 해서 염증 반응이 일어났을 확률이 높다. 세안제와 세안 방법을 바꾸면 개선 속도가 현저히 달라진다. 피부 보호막은 남기고 노폐물은 잘 제거하는 세안제를 사용해야 한다.

세안제는 단순하게 보면 피부 유형에 따라 다르게 선택하는 게 맞다. 하지만 피부는 한 가지 유형이 아닌 경우가 많다. 또한 후천적인 요소에 많은 영향을 받기도 한다. 계절에 따라 달라지기도 하고, 환경 요인에 따라 달라지기도 한다. 여드름이 나서 지성용 세안제를 사용했는데 여드름이 없어지기보다 피부가 예민해진다거나, 피부가 건조해서 건성용 세안제를 사용했는데도 세안 후 심하게 건조하며 당기는 경우가 있다. 여드름이 난 대부분의 사람이 여드름에만 집중해서 세안제를 사용하다 보니 피부가 예민해질 수밖에 없는 것이다. 복합성 피부라면 유분이 많은 곳과 건조한 곳을 다르게 써야 하는지 묻는 사람도 있다. 이처럼 생각보다 많은 사람이 세안제의 중요성을 잘 모른다. 관리실을 운영하는 원장들조차 세안제를 잘 모르거나, 고객들에게 제대로 교육하는 곳이 많지 않다.

우리 관리실을 찾아오는 고객들을 보면 피부 장벽이 무너져서 찾는 분들이 상당이 많다. 그런 분들은 세안제만 바꿔줘도 얼마 지나지 않아 피부가 개선되는 게 눈에 보인다. 나는 화장품 중 가장 중요한 게 세안제라고 생각한다. 그러다 보니 관리실에 오는 고객들에게 세안하는 방법과 세안제 고르는 방법만큼은 제대로 알려야 된다는 사명감이 생기게 됐다. 잘 지워야 피부에 좋다는 사실은 모두 알고 있다. 잘 지운다는 건 오염물질, 메이크업 등은 잘 제거되고 피부 장벽은 손상되지 않아야 한다는 뜻이다.

오일 성분은 유성 성분의 메이크업을 잘 지운다. 하지만 오일 성분을 제거하기 위해 클렌징폼이나 비누로 이중 세안을 하면 피부에 자극을 줄 수 있다. 혹은 세안 후에 오일이 잘 제거되지 않으면 모공을 막아 여드름이 더 유발될 수도 있다.

토너 타입은 충분한 양과 시간을 줘서 녹아내리게 하는 게 좋다. 립이나 아이처럼 포인트 리무버는 토너 타입을 사용해서 녹여주는 방식을 많이 사용한다. 화장솜으로 닦아내는 과정에서 자극적인 마찰이 생길 수 있으니 마찰에 주의한다.

클렌징 패드는 패드만으로 노폐물 제거가 되어야 한다. 그러다 보니 제거가 잘 되는 음이온성 계면활성제를 많이 사용한다. 자극이 많아 예민한 피부는 권하지 않는다.

효소는 피부 자극이 강하다. 단백질을 녹이는 파파인 성분이 들어 있어 여드름 피부처럼 각질이나 노폐물을 제거하기에는 적당하지만, 파파인이 접촉성 피부염 발생을 일으킬 수 있어서 이를 확인 후 사용해야 한다.

좋은 세안제를 고르는 방법은 다음과 같다.

**좋은 세안제를 고르는 방법**

1. 색소나 향도 자극제다. 색소와 향이 없는 제품을 고른다.
2. 물에 잘 헹궈지는 수용성 제품을 추천한다. 오일이 오일 성분을 잘 제거하므로 유분이 많은 사람은 오일 성분으로 유분이나 화장을 제거하고 클렌징폼이나 비누를 많이 사용한다. 틀린 것은 아니다. 다만 오일 성분 잔여물을 잘 제거하려고 과도하게 2차 세안을 하면 피부에 많은 자극을 줄

수 있다. 물에 잘 헹궈지는 수용성 제품으로 과도한 세안을 줄여야 한다.

3. 세안 후 피부가 당기고 건조한 이유는 피부 보호막을 제거한 탓이다. 세안 후에 건조하지 않는 제품을 사용한다.
4. 비누나 클렌징폼을 사용하지 않더라도 메이크업을 깨끗하게 지우는 세안제를 사용한다.
5. 여드름이나 지성 피부는 모공을 막는 성분이 없는 제품을 고른다.
6. 여드름 피부는 예민해질 확률이 높다. 잘 지워지면서 자극 없는 세정제를 사용한다.

이중 세안도 피부를 자극한다. 이중 세안보다는 물에 씻겨 내려가는 수용성 세안제를 권한다. 분장 화장과 같은 진한 화장이 아니라면 수용성 세안제 하나만으로도 충분하다. 세안 후 잔여물이 남는 느낌이 들면 두 번 정도 헹궈 깨끗하게 씻어낸다. 포인트 메이크업은 원료 성분이 달라서 별도 리무버로 지우고 수용성 세안제를 사용하는 게 좋다.

아침에는 피부가 크게 더럽지 않다. 피지, 땀, 노폐물이 나오기는 하지만 몸 안에서 나오는 최고의 천연화장품이 피부를 촉촉하게 해주는 기능을 해서 아침에는 물 세안만으로도 충분하다. 특히 아토피 피부나 예민한 피부라면 더욱 물 세안을 권한다. 다만 모공이 막혀 트러블을 일으키는 여드름성 피부는 자극 없는 세안제로 가볍게 세안을 한다. 어젯밤 바른 화장품과 노폐물, 피지, 각질이 뒤엉켜 모공을 막는 경우가 있기 때문이다. 나에게 맞는 세안제를 찾았다면, 세안하는 방법을 배울 시간이다.

## 10년 젊어지는 세안법

화장은 지우는 게 중요하다. 그만큼 올바르게 세안해야 한다. 우리 관리실에서는 고객이 방문하면 세안하는 방법을 지켜본다. 정말 깜짝 놀랄 때가 많다. 뽀드득하게 세안해야 개운하다는 고객이 생각보다 많다. 깨끗이 세안하겠다고 얼굴을 빡빡 미는 고객도 있다. 대부분 세안 습관이 안 좋다. 관리해도 피부가 쉽게 좋아지지 않는 이유는 세안 습관에 문제가 있기 때문이다. 아기 궁둥이처럼 예쁜 피부를 만들려면 세안법부터 바꿔야 한다.

현대인은 예민하고 민감한 피부가 많다. 스트레스, 황사, 미세먼지, 냉난방기, 스마트폰이나 컴퓨터에 자극을 많이 받기 때문이다. 피부가 울긋불긋하면 진한 화장으로 가리려고 한다. 진한 화장을 지우려고 더 깨끗이 씻어낸다. 피부는 더 많은 자극을 받고 예민해진다. 예민한 피부의 악순환이 일어난다. 피부를 지키려면 피부에 자극을 최대한 주지 않으면서 세안은 깨끗이 해야 한다. 세안 후

뽀드득 소리는 피부 아우성이라는 사실을 잊지 말아야 한다.

세안할 때 첫 번째로 주의할 점은 세안 전 손 씻기다. 손에는 세균이 득실거린다. 손을 씻지 않고 사용하면 세안제가 손에 있는 오염물질을 먼저 제거하다 보니 정작 얼굴의 오염물질은 제거하지 못한다. 세균이 득실거리는 더러운 손으로 세안하면 얼굴을 깨끗이 닦지 못할뿐더러 피부에 문제를 일으킬 수 있다. 세안의 첫 단계는 손 씻기다.

세안할 때 두 번째로 주의할 점은 물의 온도와 압력이다. 뜨거운 물로 샤워하거나 머리를 감으면서 세안을 할 때가 많다. 체온보다 뜨거운 물로 세안하면 피부 탄력을 잃고 모공도 커지며 열로 인해 수분 손실이 발생한다. 마찰로 인한 자극도 문제다. 샤워기에서 쏟아지는 물 세안은 온도와 수압 둘 다 문제다. 습관적으로 샤워기로 양치하는 사람을 보면 입 주변만 예민해져 있다. 마찰과 고온에 자극된 곳만 민감한 반응을 보이기 때문이다. 입 주변만 따갑다던가, 입 주변으로만 여드름이 더 심하다면 샤워기로 양치하는 습관이 있는지 의심해볼 필요가 있다.

나는 실험 정신이 정말 강한 편이다. 관리실에서 행하는 그 어떤 것들도 나에게 먼저 실험을 한다. 실험하여 안전하다고 증명되어야 고객들에게 진행한다. 이런 정신으로 공부하며 현장에서 만들어 내기 때문에 고객들에게 더 믿음을 준다고 생각한다.

샤워기로 샤워한 후 피부 장벽이 무너지는 걸 직접 테스트한 적이 있다. 첫 번째 테스트로 약 20일간 체온보다 뜨거운 물이 나오는 샤워기로 양치를 했다. 피부 장벽이 무너진 곳에 바르면 피부가 따끔한 크림을 준비해서 얼굴 전체에 도포를 했더니 정말 입술 주변만 따끔거렸다. 그 후 양치 습관을 정상적으로 하고 10일 뒤 크림을 발랐더니 얼굴 어디에도 따끔거림이 없었다. 두 번째 테스트는 얼굴 전체를 약 20일간 체온보다 뜨거운 물이 나오는 샤워기로 세안을 했다. 위의 크림을 얼굴 전체에 도포했더니 얼굴 전체에서 여기저기 따끔거리는 증상이 있었다. 우리가 흔히 하는 잘못된 세안 습관이다. 안 좋은 습관이 모여 피부를 망치고, 좋은 습관이 모여 예쁜 피부를 만들어 준다.

그러다 보니 고객들에게도 작은 습관 하나가 피부에 얼마나 중요한지 알려주고 싶다. 나의 바람은 더 많은 사람에게 올바른 피부 상식을 알려주는 것이다. 책 출간 후 모든 내용을 영상으로 담아 고객 한 분 한 분의 고민을 해결해주는 채널을 만들고 있다. 애띠애 고객들에겐 카톡으로 24시간 상담해주고 있지만, 카톡은 부담스러울 수도 있고, 하고 싶은 얘기를 그때그때 하기 어려울 수도 있다. 모든 고객의 피부 고민을 해결해주는 채널인 네이버 카페 '피부관리대학'을 만들어 스스로 자신의 피부를 알고 관리하도록 돕고자 한다.

세안할 때 세 번째로 주의할 점은 자극의 강도다. 피부를 빡빡 문지르지 말아야 한다. 메이크업을 깨끗하게 지우려고 강하게 문지르면 피부 보호막이 함께 떨어져 나간다. 피부는 건조해지고 염증 유발이 쉬운 상태로 변하게 된다. 여드름 난 사람 피부가 예민해지는 이유도 세안의 자극과 연관이 크다.

여드름 있는 사람들을 상대로 설문을 한 적이 있다. 여드름 난 사람들은 대개 여드름을 가리고 싶어 했다. 여드름 난 얼굴을 보이는 게 너무나 싫다고 했다. 여드름 때문에 이성 친구와 헤어진 경험을 한 사람도 있었고, 뽀뽀를 거부당한 경우도 매우 많았다. 얼굴을 똑바로 보는 것도 싫고, 자신감이 떨어지고 자존감이 낮아진다는 사람도 있었다. 청소년들 중에는 자살 충동까지 느꼈다는 답변도 있었다. 내가 교수가 되겠다고 마음먹은 첫 번째 이유는 여드름이 난 사람들에게 올바른 교육을 하고 싶어서였다. 피부 관리는 올바로 아는 것부터가 시작이기 때문이다.

여드름이 심하면 심리적으로 고통스럽기 때문에 감추고 싶어 진한 메이크업을 한다. 진한 메이크업 대부분은 모공을 막는 성분이 많을 수밖에 없다. 온종일 모공을 막은 화장품을 깨끗하게 지워야 여드름이 더 나지 않는다고 생각하여 강한 세안제로 정말 깨끗하게 빡빡 닦는다. 이중 세안으로도 지워지지 않으면 삼중 세안까지 해가며 닦으려고 노력한다. 제품으로 인한 여드름도 문제지만 강한 세안으로 피부는 더욱 예민해지는 악순환이 일어난다.

우리 관리실에는 염증과 예민한 피부를 호소하는 고객이 많이 방문한다. 이런 고객에게는 세안법부터 가르친다. 약지를 이용해 피부를 가볍게 롤링하도록 한다. 피부에 가하는 모든 자극을 줄이도록 한다. 세안제와 세안법만 바꿔도 염증이 사라지고, 예민한 피부가 정상적인 피부로 개선된 사례가 많다. 세안 후에는 깨끗한 수건을 사용한다. 수건으로 빡빡 문지르지 말고 누르듯 물기를 흡수하며 닦는다. 작은 습관만 바꿔도 피부가 안정되고 건강해진다.

## 때수건으로 민 것은 때가 아니다

많은 사람이 때수건으로 때를 박박 밀며 "와~ 시원하다. 이 맛에 목욕하러 온다"고 말한다. 목욕탕에 목욕하러 가는 게 아니라 때를 밀러 가는 사람도 많다. 나도 예전엔 그랬다. 일주일에 한 번은 목욕탕 가서 묵은 때를 벗겨야 살 것 같았다. 주말이면 동네 여탕은 한두 시간 이상 기다린 후에야 때를 밀 수 있었다. 때를 밀기 위해

줄을 서기 때문이었다. 더욱이 열탕에서 몸을 불려야만 때를 밀어 주었다. 열로 인한 피부노화와 수분 손실은 아랑곳하지 않고 퉁퉁 불려서 피부 보호막을 마구 벗겨냈다. 피부 보호막을 강제로 벗기면서 개운하다고 했다. 피부 상식이 없었기 때문이다.

눈을 다쳐 안과에 간 적이 있다. 상처가 나서 붓고 물집이 잡혔다고 했다. 그런데 다치지 않은 반대쪽 눈도 붓고 상처가 났다는 것이었다. 한 번도 아프지 않던 눈이었다. 의사 말로는 손으로 비벼서 생긴 상처라고 했다. 건조한 눈을 비빌 때 마찰로 미세한 상처가 나고 부었다는 것이다. 눈이 얼마나 예민한데 상처 난 것조차 몰랐다니 어이없었다. 아주 예민한 눈의 상처도 인지하지 못하고 사는데, 아프지 않은 죽은 세포인 각질이 없어지는 것쯤은 당연한 일일 수도 있다. 눈을 다쳐서 안과에 다녀온 일이 피부의 예민성을 깨닫고 나쁜 습관을 고치는 소중한 기회가 되었다.

손으로 비비기만 해도 망막과 피부가 상하는데, 때수건으로 피부를 빡빡 미는 건 피부 장벽에 손상을 일으키는 어리석은 일이 아닐 수 없다. 물론 피부는 재생능력이 있어 손상을 복구한다. 하지만 우리가 인지하지 못하는 사이에 피부 손상이 반복되면 피부는 약해지고 노화를 앞당기게 된다.

이 때 밀리는 건 때가 아니라 각질층이다. 각질층은 피부를 보호하는 최전방 보호막이고 외투와 같은 역할을 한다. 벽돌처럼 한 겹

한 겹 붙어 있는데, 하루에 한 장씩 스스로 탈각되고 새로운 세포가 생성된다. 죽은 세포라 매우 약하게 붙어 있어 아프지도 않고, 때수건으로 밀면 떨어져 나간다. 여태까지 몇십 년 때를 밀어도 아무렇지도 않고, 오히려 안 밀면 몸에 하얗게 각질이 일어난다고 말한다. 당연한 이치다. 안 밀던 사람은 괜찮은데 밀던 사람은 오히려 하얗게 일어난다. 그건 때가 아니라 들떠서 건조해진 각질이다.

남편은 유난히 때 미는 것을 좋아한다. 한 주라도 안 밀면 몸이 근질거린다고 매주 때를 밀러 갔다. 세신사가 때수건을 거친 재질로 바꿀 정도로 강하게 미는 것을 좋아한다. 좀 아프긴 해도 그렇게 해야 온몸이 개운하고 잠도 잘 와서 좋단다. 물론 혈액 순환으로 피로 해소에는 도움이 됐을 것이다. 피부 보호막을 밀면 안 된다고 해도 기어코 밀고 왔다. 저녁에 바지를 벗으면 종아리에서 각질이 하얀 가루처럼 우수수 떨어졌다. 로션을 발라줘도 금방 건조하고 간지러워 했다. 그러다 코로나 이후 언제부턴가 목욕탕을 가지 않자 각질이 들뜨지 않고 매끈해졌다. 건조한 날씨에도 피부가 건조하지 않았다. 때를 밀지 않았더니 피부가 스스로 건강을 회복한 것이다.

때를 밀려면 열탕에 들어가서 퉁퉁 불려야 한다. 열은 피부를 건조하게 만들고 열 노화 현상을 일으킨다. 때를 민다고 피부 보호막을 강제로 벗겨내면 벌겋게 붉어지고 상처가 난다. 각질층이 없어지면 피부는 점점 건조해지고, 가렵고, 심하면 염증을 유발한다.

하얀 각질은 메말라서 몸에 제대로 붙어 있지 못하고 덜렁덜렁 들떠 있는 상태다. 이렇게 들뜬 각질은 절대 벗겨내면 안 된다. 각질을 일부러 벗기면 일부 붙어 있는 각질이 강제로 떨어져 나가면서 피부가 예민해진다. 이럴 땐 스스로 떨어질 때까지 기다려야 피부가 건강하고 매끈하다. 오히려 강제로 떨어지지 못하도록 수분 크림을 발라야 한다. 들뜬 현상을 막아주면 점차 하얀 각질도 줄고 건조함도 줄어들게 된다.

# 2

# 피부 장벽이 튼튼해야 피부가 핀다

## 피부 구조

피부는 표피, 진피, 피하지방으로 구성한다. 피부는 외부 공격에서 몸을 보호하고, 세균이나 바이러스 같은 이물질이 체내로 침입하지 못하도록 방어한다. 아울러 혈액, 림프액, 수분 따위가 체외로 빠져나가지 못하게 한다. 물에 빠져서 죽은 사람은 퉁퉁 불지만, 산 사람은 목욕탕에 오래 있어도 몸이 불지 않는 이유다.

표피를 구성하는 세포는 각화세포다. 얼굴의 각화세포는 기저층에서 세포를 분열하고, 유극층과 과립층을 경유해서 각질층에서 떨어져 나간다. 이 과정이 약 28일이 소요되며, '각화'라고 부른다.

기저층에서는 7일 동안 세포를 분열하여 새로운 세포를 복제한다. 복제된 세포는 유극층과 과립층으로 올라가면서 딱딱하게 변하여 14일 뒤 각질로 변한다. 각질이 되면 핵은 없지만 7일 동안 각질층에서 피부를 보호해준 뒤 자연스럽게 탈각한다.

**피부 각화 과정**

| | 피부 타입 | 예민 피부 | 정상 피부 | 여드름 피부 | 노화 피부 |
|---|---|---|---|---|---|
| | 각질화 기간 | 7~20일 ➡ | 28일 | ⬅ 40~60일 | 60~76일 |
| 세포방어주기 (각질층) | | 2~6일 | 7일 | 14~20일 | 10~15일 |
| 세포성장주기 (유극층, 망상층) | | 4~10일 | 14일 | 17~26일 | 28~42일 |
| 세포복제주기 (기저층) | | 1~5일 | 7일 | 10~14일 | 13~19일 |

〈출처〉 가치플러스(주) 교육이사 홍지연

앞 표에서 보듯이 예민한 피부의 각화 과정은 정상 피부보다 현저히 빠른 것을 볼 수 있다. 각질은 하루에 한 장씩 자연스럽게 탈각해야 한다. 하지만 각질이 공격을 받고 상처를 받으면 피부를 보호하는 기능은 떨어지고, 각화 주기가 빨라져 미성숙한 세포가 된다.

반대로 각질이 계속 붙어 있어도 기능이 떨어진다. 여드름 피부나 노화 피부는 각질 탈각이 잘 되지 않는다. 여드름 피부는 유전적인 요소가 많은데, 선천적으로 각질의 단백질을 분해하는 효소가 나오지 않는다. 각질을 탈각시키지 못하고 각질끼리 엉켜 붙어 있으니, 세포분열을 하지 못하여 각화 주기가 느리다. 여드름 있는 사람이 대체로 피부가 두껍고, 거칠어 보이는 이유다. 여드름 피부는 적당한 각질을 제거하여 각화 주기를 정상적으로 만들어줘야 한다.

노화 피부는 어느 피부보다 각화 주기가 길다. 기저층에서 세포를 만드는 기간이 길고 성장하는 속도도 늦다. 세포분열을 해도 세포가 건강할 때처럼 모두 분열하지도 못한다. 기능이 떨어져 새로 아이를 출산 못하는 상태가 되거나 유산이 되는 셈이다.

노화 피부는 각화 과정이 더디고 각질이 탈락하지 못해 피부가 두껍고 칙칙하고 피부 재생 속도도 더디다. 피부 속 수분은 빠지고, 각질이 두꺼워지는 느낌을 점차적으로 받게 된다. 그로 인해 주름의 골은 갈수록 깊어지고 기미나 검버섯이 두터워진다. 노화 피부는 마사지를 통해 진피 자극이나 혈액 순환이 잘 되도록 하고, 적당한 각질 제거로 피부의 각화 주기를 빠르게 만들어 피부 재생을 높여야 한다.

**각질-피부를 보호하는 천연 장벽**

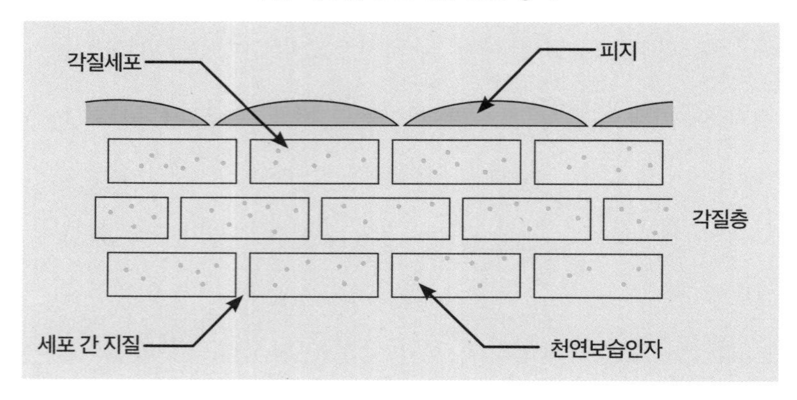


피부 가장 바깥쪽에 있는 각질세포는 피부 장벽의 최일선 방어막이다. 피부의 촉촉함을 유지하고, 외부 자극에서 피부를 보호한다. 수분 증발을 막고 외부 미생물, 오염물질, 세균 침입을 막는다. 각질층은 층층이 쌓여서 형성한 라멜라 구조다. 각질세포를 벽돌, 세포 간 지질을 시멘트라고 생각해 보자. 각질세포는 벽돌처럼 차곡차곡 쌓여 있고 세포 간 지질이 시멘트 역할을 하여 각질세포와 각질세포를 탄탄하게 붙여준다. 그 위에 피지가 있다.

각질세포는 천연보습인자인 엔엠에프NMF, Natural Moisturising Factor와 케라틴으로 구성되어 있다. 천연보습인자는 어떤 보습제보다 뛰어나기 때문에 각질세포가 잘 안착하면 촉촉한 피부를 유지한다. 케라틴은 피부를 보호하고, 피부 구조를 지탱할 수 있도록 해주며, 상처를 치유하도록 돕는다.

**피부 장벽의 성분과 기능**

| 각질층 구조 | 성분 | 기능 |
|---|---|---|
| 각질세포 | 천연보습인자(NMF)<br>(31%) | -촉촉한 피부를 유지<br>-세균 침입 방어<br>-자외선 차단 |
| | 케라틴<br>(58%) | -피부 보호<br>-피부 구조 지탱<br>-상처 치유 |
| 세포 간 지질 | 세라미이드<br>(40~50%) | -수분 손실 방어<br>-유해물질 침투 방어 |
| | 콜레스테롤<br>(20%) | -각질과 각질을 탄탄하게 붙여주는 역할 |
| | 자유지방산<br>(30%) | -pH를 약산성으로 유지<br>-항상성 유지에 중요한 역할 |

각질세포는 죽은 세포라 떨어져 나가기 쉽고 떨어져 나가도 아프지 않지만, 맡은 역할은 중요하다. 약산성 피지막을 만들어 세균 침입을 막고, 자외선 흡수를 막아 피부를 보호한다. 유·수분을 빠져나가지 못하도록 지켜서 주름을 방지하고, 탄력과 미백에 도움을 준다. 자체면역시스템을 갖추고 외부 공격을 스스로 방어한다. 공기 중 습도가 떨어져서 건조한 경우라도 각질층에 천연보습인자가 있어서 수분을 보유할 수 있게 된다. 천연보습인자가 부족하면 피부가 건조해지는데, 특히 계면활성제가 많이 들어간 비누나 폼클렌징 류를 과다하게 장기간 사용할 경우 피부가 건조해질 수 있다.

세포 간 지질 구성 물질은 세라마이드, 콜레스테롤, 자유 지방산이다. 세라마이드는 피부 장벽에 가장 많은 40~50%를 차지한다. 대표적인 각질 간 접착제다. 피부 표면에서 손실되는 수분을 방어하고 외부에서 들어오는 유해물질을 차단하는 역할을 한다. 아토피나 건선 치료 제품도 세라마이드 성분을 가장 많이 사용한다. 콜레스테롤은 입자 간 응집력이 크기 때문에 각질과 각질을 탄탄하게 붙여주는 역할을 한다. 자유 지방산은 pH를 약산성으로 유지해서 세라마이드 합성을 돕는다. 항상성 유지에 중요한 역할을 한다.

피지는 각질층 수분량을 유지하며, 강력한 항균작용을 한다. 피부는 약산성일 때 외부 세균을 막는 힘이 강하다. 세안하고 나면 피부는 세균 침입에 가장 취약한 알칼리 상태가 된다. 세안제가 피부 방어막을 가장 취약한 상태로 만든 것이다. 강한 세안이나 물마찰은 피부가 약한 상태에서 괴롭히는 것과 같다. 세안제와 세안법이 중요한 이유다.

## 진피: 인체를 보호하는 진짜 피부

진피는 인체 장기와 같은 중요한 존재다. 진피부터 혈관이 있다. 손을 종이에 살짝 베도 피가 나는 이유는 표피 두께가 얇기 때문이다. 얼굴 표피의 두께는 약 0.1~0.2밀리미터 정도로 A4 용지 한 장

두께다. 표피는 얇아도 진피를 지키기 위해 많은 일을 한다. 진피는 표피보다 10배~20배 정도 두꺼운 0.5~4밀리미터 정도며, 피부의 90%를 차지하는 치밀한 결합조직이다.

진피는 콜라겐, 엘라스틴, 뮤코다당류, 당단백질로 구성된다. 콜라겐이 진피의 90% 정도를 차지한다. 외부 자극에서 인체를 보호하며, 피부를 견고하게 지탱하는 조직이다. 피부의 저수지로 주름을 관장한다. 피부 내의 자연보습을 담당하는 물질이다. 엘라스틴은 탄력섬유로 탄력성이 강한 단백질이다. 피부 탄력에 중심적인 역할을 한다. 뮤코다당류는 진피 내에서 세포들 사이를 메우고 있는 당질로서 우수한 수분 보유력을 지녔지만, 노화할수록 서서히 감소한다. 자기 무게의 몇백 배에 해당하는 수분 보유력이 있으며, 신체 내에서 강하게 결합한 결합수로서 동결되지 않아 다른 조직에 수분을 공급하는 작용을 한다. 당단백질은 단백질과 당질의 결합력을 강화하는 작용을 한다.

피부 세포는 혈관으로 영양분을 공급받는다. 섭취한 음식물은 소화기관을 거치며 인체에 필요한 영양분으로 분해된다. 영양분은 혈관을 타고 이동하여 세포 속으로 들어간다. 세포는 들어온 영양분을 이용하여 에너지와 열과 빛을 만든다.

임신으로 아이에게 영양분을 공급해주다 보면 피부 세포에 원활한 영양 공급이 되지 않을 수 있다. 그렇게 되면 피부가 푸석해지고 기미가 생기는데, 임신성 기미가 출산 후 점차 좋아지는 것도 피부 세포에 영양분이 원활히 공급되기 때문이다. 출산 후에 건강한 피부를 유지하려면 임신 전부터 건강관리를 잘해야 한다.

스트레스도 기미의 원인이다. 스트레스로 밤새 잠을 자지 못하고 다음 날 거울을 보면 거뭇한 얼굴을 경험했을 것이다. 스트레스

**진피의 구성 성분과 기능**

| 진피의 구성 성분 | 특징과 기능 |
| --- | --- |
| 콜라겐<br>(Collagen) | * 아교질로 된 섬유상의 세포로 교원섬유라고도 한다.<br>* 진피 성분의 90% 이상을 차지한다.<br>* 피부의 저수지로 주름을 관장한다.<br>* 피부 내의 자연보습을 담당하는 물질이다.<br>* 실타래가 꼬인 나선구조 모양으로 1분자 기준 약 3,000개 이상의 아미노산으로 구성되어 있다. |
| 엘라스틴<br>(Elastin) | * 탄력성이 강한 단백질이다.<br>* 피부에서 탄력을 관장한다.<br>* 젤라틴화 되지 않으며 각종 화학물질에 저항력이 강하다. |
| 뮤코다당류<br>(Mucopolysaccharide) | * 진피 내에서 세포들 사이를 메우고 있는 당질로서 우수한 수분 보유력을 지닌 물질이다.<br>* 노화할수록 감소한다.<br>* 자기 무게의 수백 배에 해당하는 수분 보유력이 있으며 신체 내에서 강하게 결합한 결합수로서 쉽게 건조되거나 동결되지 않아 다른 조직에 수분을 공급해주는 작용을 한다.<br>* 대표 성분: 히알루론산(Hyaluronic Acid), 콘드로이친황산(Chondroitin Sulfate) |
| 피브로넥틴<br>(Fibronectin)<br>당단백질 | * 단백질과 당질의 결합력을 강화하는 작용을 한다. |

〈출처〉《맞춤형화장품조제관리사 한 권으로 끝내기》, 한국화장품전문가협회, (주)시대고시

상황이 연속되면 피부부터 상한다. 혈액은 혈관을 타고 피부에 산소와 영양분을 공급한다. 인체는 스트레스를 받으면 싸울 준비를 하는데, 이때 혈액은 영양분을 근육 쪽으로 가장 먼저 공급한다. 그러면 피부 세포는 영양이 부족한 상태가 된다. 스트레스 상황에서 긴장할 때마다 피부 세포는 영양분을 공급받지 못하고 조금씩 망가진다.

혈액 순환이 원활하면 진피는 건강하다. 근육에 탄력을 만드는 스트레칭이나 관리는 근육에 산소를 공급해주고 펌핑운동을 해주기 때문에 혈액 순환에 효과적이다. 스트레칭이나 관리를 꾸준히 하면 피부가 건강해진다.

진피가 약하면 표피는 진피를 보호하기 위해 바쁘게 움직인다. 표피 기저층에서 멜라닌을 생성한다. 멜라닌 색소는 각질로 이동해서 우산을 쫙 펼치듯 기미를 만들어 피부를 보호한다. 기미는 외부에서 보면 보기 싫고 제거할 존재로 보이지만 사실은 진피를 지키는 소중한 존재다.

기미가 보기 싫다면 진피를 건강하게 만들면 된다. 진피가 건강해서 진피를 지키지 않아도 되는 환경에서는 멜라닌 색소가 나올 필요가 없다. 멜라닌은 자외선을 흡수하고 산란하여 피부를 보호한다. 자외선 차단제도 자외선을 흡수하고 산란하여 피부를 보호한다. 기미와 자외선 차단제는 기전이 같다. 기미는 24시간 얼굴에 얹혀서 피부를 보호해주지만, 자외선 차단제는 바를 때만 피부를 보호한다.

바르는 자외선 차단제는 대부분 사람이 권고량의 약 1/4밖에 바르지 못한다고 한다. 거기다 땀, 피지나 외부환경에 의해 금방 지워지기까지 한다. 귀, 목, 손등처럼 바르지 않는 부분도 많다. 자외선 차단제를 꼼꼼하게 바르지 않으면 피부를 보호하려고 멜라닌 세포는 더 왕성하게 활동한다. 그만큼 피부노화도 빠르게 진행된다.

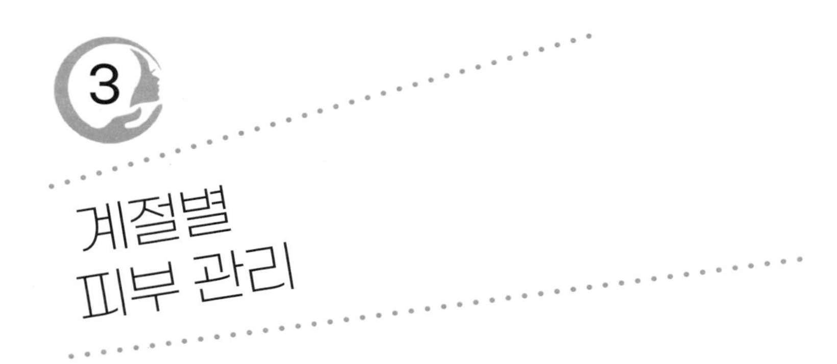

# 3 계절별 피부 관리

## 봄철 피부 관리

봄은 햇빛이 강해지고 기온이 올라가는 시기다. 자외선이 증가하여 피부에 강한 자극을 준다. "봄볕에는 며느리를 내보내고 가을볕에는 딸을 내보낸다", "봄볕에 그을리면 보던 임도 몰라본다" 하는 말은 그만큼 봄철 자외선이 강하다는 뜻이다. 자외선 UV-A는 진피층에 흡수되어 콜라겐과 엘라스틴을 파괴하여 주름을 만드는 광 노화 현상을 일으킨다. 멜라닌 세포를 자극하여 기미와 색소 잡티 따위를 표피층으로 보낸다.

봄은 날씨 변화가 심하고 건조하다. 추위와 더위가 반복되고 일

교차도 크다. 이에 따라 피부도 '추웠다', '더웠다'를 반복하다 보니 안면홍조나 모세혈관 확장증이 나타나기도 한다. 아울러 피부가 건조하여 각질이 들뜨기 쉽다.

건조한 날씨와 기온 차는 피부 장벽을 약하게 만드는 최악의 조건이다. 피부 장벽이 약해지면 피부가 예민해지고 염증 증상도 많이 일어날 수 있다. 온도가 급격하게 올라가면서 피지 분비량이 늘어 트러블이 발생하기 쉽다.

**봄철 피부 관리 요령**

1. 자극적인 클렌징은 삼가고 최대한 가벼운 세안을 한다.
2. 수분 공급에 신경을 쓴다.
3. 충분한 수면과 봄철 음식으로 면역력을 올린다.
4. 자외선 차단제를 꼼꼼하게 바른다.

**잠깐!**

**봄철 피부의 적, 황사와 미세먼지**

봄이 되면 꽃가루 알레르기와 더불어 황사나 미세먼지가 더 많이 발생한다. 황사와 미세먼지는 피부 트러블을 일으킨다.

**미세먼지**

미세먼지는, 대기 중에 떠다니는 입자 모양 물질로, 크기가 2.5마이크로미터 이하를 말한다. 머리카락 굵기의 약 1/30 정도로 작다. 토양이나 해양, 화산에서 자연 발생하기도 하고, 물건을 태울 때 직접 배출되는 경우와 질소화학물이나 유황산화물, 휘발성 유기화합물 등의 가스 상태의 대기 오염물질이 공기 중에서 화학반응을 일으켜 입자화하기도 한다. 아주 미세한 입자라 폐의 깊은 곳까지 들어가서 호흡기나 순환기에 영향을 미치고, 아토피 같은 알레르기가 있거나 피부가 민감한 사람은 피부 트러블을 일으킬 가능성이 있다.

### 황사

중국에서 발생한 토양, 광물 입자가 바람을 타고 우리나라로 날아오는 현상이다. 3~5월 봄철에 많아 발생한다. 황사 속에는, 유산이온, 질산이온, 암모늄이온처럼 인공적으로 발생한 대기오염물질이 들어있다.

### 꽃가루 알레르기

2~3월에는 오리나무, 개암나무, 4~5월에는 포플러, 자작나무, 참나무, 소나무 꽃가루가 원인이다. 꽃가루는 직경이 30마이크로미터 내외로 작아 육안으로는 볼 수 없다.

### 미세먼지나 황사, 꽃가루가 피부에 미치는 영향

미세먼지, 황사, 꽃가루 같은 대기오염물질에 손상을 입으면 피부를 지키기 위해 피부 내부에 활성산소가 발생하기 쉬운 상태가 된다. 활성산소는 세포 산화를 일으켜 세포나 DNA에 손상을 입힌다. 그 결과, 멜라닌 색소가 증가하여 기미의 원인이 되거나 진피층에 있는 콜라겐이나 엘라스틴을 파괴해서 주름이나 처짐 같은 피부노화의 원인이 되기도 한다.

## 여름철 피부 관리

여름엔 햇빛이 강하고 기온이 높다. 열은 피부노화의 원인이다. 콜라겐은 피부의 핵심성분으로 피부 탄력과 수분을 유지하는 역할을 한다. 피부가 햇빛에 노출되면 콜라겐 분해효소인 기질단백질 분해효소MMP가 증가한다. 콜라겐이 자외선에 분해되면 피부 탄력이 떨어져 처지고 주름과 기미가 유발된다.

콜라겐을 고무줄처럼 묶어주는 역할을 하는 게 탄력섬유 엘라스틴이다. 피부에 콜라겐이 충분하더라도 엘라스틴이 부족하면 주름이 생긴다. 엘리스틴이 콜라겐을 잘 묶어놓아야 피부가 처지거나 주름이 생기지 않는다. 엘라스틴은 혈액 순환 장애로 영양분 공급에 문제가 있거나 콜라겐 섬유질의 자연 노화 현상으로 손실된다. 자외선으로 피부 탄력이 없어지고 주름이 생기는 이유는 자외선 UV-A에 의에 엘라스틴이 손실되기 때문이다. 이것이 광 노화 현상이다.

여름철엔 강한 햇빛 때문에 피부 온도가 올라간다. 피부 온도가 1도 올라가면 피지 분비량은 10% 늘어난다. 피지 분비가 증가하면 피부 트러블도 늘어난다. 체온이 올라가면서 열을 식히기 위해 땀을 흘리는데, 피부는 수분을 잃어 건조하고 탄력이 떨어진다. 고온다습한 환경으로 곰팡이균이 발생하기도 한다.

여름에는 에어컨 바람이 얼굴에 직접 오지 않게 하는 게 좋다. 에어컨 바람은 피부를 건조하게 만드는 주범이다. 여름은 날씨가 더워 유분이나 노폐물이 많이 분비되기 때문에 피부가 촉촉하다고 착각하기 쉽다. 수분이 빠져나가지 않도록 보습에 신경을 써야 한다.

**여름철 피부 관리 요령**

1. 보습 관리를 철저히 한다.
2. 주 1~2회 피지를 제거한다.
3. 열을 내리는 팩이나 제품을 사용한다.
4. 자외선 차단제는 유분이 많은 성분보다 에센스나 토너처럼 유분이 적은 유형을 사용한다.

잠깐!

## 뜨거운 태양을 피하는 방법

여름은 강한 태양과 고온 다습한 기후 등으로 질병에 쉽게 노출되는 계절이다. 피부 관리에서 여름철에 가장 주의해야 할 점은 강렬한 자외선이다. 자외선은 기미, 주근깨, 검버섯 같은 색소성 질환에서부터 일광화상, 잔주름, 피부노화 그리고 심한 경우 피부암까지 일으키는 무서운 광선이다. 피부를 보호하려면 태양광선이 강한 오전 10시부터 오후 3시까지는 외출을 줄이고, 자외선 차단제를 사용하여 광선을 차단하며, 모자나 선글라스를 착용하는 것이 좋다.

자외선 차단제는 효과가 떨어지는 3~4시간마다 덧발라주어야 한다. 구름이 자외선을 완전히 차단하지 못하기 때문에 흐린 날에도 자외선 차단제를 사용해야 한다. 해가 저문 후에는 적절하게 영양과 수분을 섭취하고 충분한 휴식을 취해야 하며, 손상된 피부를 복구해 주는 보습제 등을 사용하여 항상 촉촉한 피부를 유지하는 것이 중요하다.

여름철의 강한 햇볕에 의해 발생하는 피부질환으로는 일광화상이 있다. 피부가 붉게 되고, 물집이 생기며, 열이 나고, 춥고 떨리는 전신증상이 동반되는데, 햇볕이 강할 때는 외출을 피하고 일광 노출을 최소화하며 자외선 차단제를 사용하여 피부 손상을 줄이는 것이 좋다.

일단 일광화상을 입으면 얼음이나 냉우유로 찜질하는 것이 좋다. 피부가 벗겨지고 수포가 생기는 2도 화상의 경우, 세포가 손상을 입어 염증의 원인이 된다. 이때는 피부과 전문의와 상의하여 아스피린을 복용하거나 전신 또는 국소 스테로이드제를 사용하여 염증을 가라앉히고 2차 감염을 예방하는 것이 중요하다. 무엇보다 자외선으로 인한 화상이 반복되면 다른 질환까지 발생할 수 있어 주의해야 한다. 실제로 햇빛을 많이 보고 자주 선탠을 하는 미국이나 유럽에서는 피부암이 많이 발병하는 추세고, 전구암이라는 암 전 단계의 피부질환도 비교적 흔하게 나타나므로 예방이 중요하다.

땀띠는 땀을 배출하는 관이 막혀서 발생하는 질환으로, 무더운 여름에 많이 생긴다. 피부를 잘 씻고 얼음이나 냉우유로 냉찜질하거나 에어컨이나 선풍기로 시원한 환경을 만드는 것이 땀띠 치료와 예방에 가장 중요하다.

〈가톨릭중앙의료원 건강 칼럼〉

## 가을철 피부 관리

가을은 강수량이 적어 건조한 시기다. 각질 생성이 활발해지면서 피부가 거칠고 건조하고 두꺼워진다. 각질층은 푸석하며 칙칙한 색을 띠고, 트러블 발생이 높다. 여름철 더운 날씨로 탄력이 떨어진 피부는 가을이 되면 급격하게 피지 분비량을 늘린다. 피부는 갑자기 탄력을 잃고 거칠어지며 주름이 생기기 쉬운 상태가 된다. 여름에는 자외선 차단제를 꼼꼼히 바르다가도 가을철에는 소홀히 하는 경우가 많다. 자외선 차단제는 사시사철, 남녀노소 구분 없이 항시 바르는 것이 좋다. 유·수분 균형이 깨지면 겉은 피지 분비량이 늘어나고, 속은 오히려 건조한 예민한 피부가 되기 때문이다.

피부에 촉촉하게 생기를 불어넣으려면 충분한 양의 물 섭취도 중요하다. 건강하게 물을 마시려면 ①커피, 차, 음료를 마실 때는 반드시 물을 한 잔 더 마시고, ②배고플 때 물을 한 잔 마시고, ③운동 후에 반드시 물 두 잔을 보충하고, ④1~2시간 간격으로 물을 마시되 한 컵을 여러 번 나눠 마시고, ⑤미지근한 물을 주로 마시고, ⑥식사 전 30분, 식사 후 2시간 지나서 물을 마시고, ⑦운동이나 육체 활동 후, 땀을 많이 배출했을 때, 기운이 없을 때, 각종 음료나 술을 마시거나 담배를 피울 때 평소보다 두 컵 더 마신다. 이런 물 마시기 방법은 피부뿐 아니라 몸 전체를 위하여 아주 중요한 습관이다.

각질이 일어난다고 해서 때 밀듯이 벗겨내거나 문지르는 것은 금물이다. 뜨거운 욕탕이나 사우나는 피부의 수분을 날려버리므로 피하는 것이 좋다. 저녁에는 얼굴에 충분히 보습제를 바른 후 보습팩을 사용하면 보습제가 피부에 충분히 스며드는 효과가 있다.

**가을철 피부 관리 요령**

1. 과도한 세안은 피부 장벽을 무너뜨리므로 자극을 주지 않으면서 깨끗하게 한다.

2. 지성피부는 과다한 피지 생성으로 여드름이 올라오기도 하므로 피지 관리에 주의를 기울인다.
3. 주 1~2회 정도 각질 제거로 칙칙함과 트러블을 예방한다.
4. 보습에 특별히 신경을 쓴다. 한 번에 바르기보다는 여러 번 나누어서 덧바른다.
5. 물을 많이 마시며, 실내 습도를 유지한다.

잠깐!

## 환절기 가을철 피부 관리 방법

가을철엔 건조한 공기와 낮과 밤의 일교차, 찬바람 등으로 인해 피부가 겉으로는 티가 안 날지 몰라도 속 당김이 일어나는 등 피부의 유·수분 밸런스가 쉽게 깨질 수 있어 다른 때보다 세심한 관리가 필요하다. 환절기 가을철 피부 관리 방법에 대해 알아보자.

### 충분하고 알맞은 수분 충전은 필수

피부는 환경 변화에 매우 민감한데, 환절기에는 특히 온도와 습도가 변화 폭이 크기 때문에 각별한 주의가 필요하다. 피부의 유·수분 밸런스를 조절하기 위해서는 항시 촉촉한 수분을 유지할 수 있도록 보습제를 충분히 발라주고, 하루 8컵 이상의 물을 섭취하는 게 좋다. 샤워 후 수분이 채 마르기 전에 꼼꼼히 보습해주는 것도 중요하다.

### 환절기에 맞는 기초 제품 사용하기

별다른 문제가 없어도 피부가 당기거나 쓰리다면 기존에 쓰고 있는 제품을 확인해보자. 여름철에 맞춰진 제품의 경우, 환절기나 겨울 제품보다 가볍고 증발이 빨라 건조함이 앞당겨질 수밖에 없다. 기존에 쓰던 제품에 고보습 제품을 추가로 사용하거나 계절에 맞는 기초 제품을 사용하자. 혹은 오일을 활용하는 것도 좋다. 기초 케어 후 오일을 한두 방울 떨어뜨려 가볍게 마사지해주면 오랜 시간 보습감을 유지할 수 있다.

### 내 몸에 맞는 영양제 섭취하기

충분한 수분 섭취, 계절에 맞는 기초 제품을 사용했는데도 뭔가 허전한 느낌이 든다면 먹거리로 시선을 돌려보자. 시중에 히알루론산 영양제, 콜라겐, 비타민C 등 피부 건강에 도움을 줄 수 있는 영양제가 많이 나오고 있으니 내 몸에 맞는 영양제를 찾아 적정량을 섭취해보자.

### 채소와 과일 충분히 섭취하기

여름은 강한 자외선으로 인해 피부에 더없이 치명적인 계절이다. 여름 휴가철에 손상된 피부를 위해 가을철에는 충분한 채소와 과일을 섭취해 부족한 비타민을 보충해주는 게 좋다. 피부에 좋은 과일에는 비타민C가 풍부한 자몽, 사과, 딸기를 비롯해 노화의 원인인 활성산소를 제거해주고 기미의 원인이 되는 멜라닌 색소를 제거해주는 레몬 등이 있으며, 채소로는 비타민C가 풍부하고 수분 섭취에 좋은 오이, 노폐물 배출에 효과적인 양배추, 시금치 등이 있다.

### 충분한 운동

가을은 날이 선선하고 볼거리가 많아 나들이하기 좋은 계절이다. 여름철에는 실내에서 에어컨 바람을 양껏 쐬었다면 가을에는 선선한 자연 바람을 맞으며 실외를 걸어보자. 운동은 혈액 순환, 노폐물 배출에 효과적이어서 피부 건강에 좋으며, 일상에 활기를 띠게 한다. 땀이 나게 운동한 후 충분한 수분 섭취는 필수.

### 각질 케어

피부가 건조해 얼굴에 하얗게 각질이 뜰 때는 매번 보습제로 피부를 진정시키기보다는 한 번씩 각질 케어를 해주는 게 좋다. 세안을 마치고 스킨으로 피부결을 정돈해 준 뒤 피부에 맞는 스크럽 제품을 사용하면 된다. 스크럽 제품은 알갱이가 작아 피부에 자극적이지 않은 제품을 사용하자. 각질 제거는 일주일에 한 번 정도가 적당하며, 안면 홍조가 있으면 삼가는 게 좋다.

[네이버 블로그, 작성자 에스카사(SCASA)]

## 겨울철 피부 관리

실외와 실내 온도 차로 피부는 냉온을 반복한다. 따뜻한 바람은 혈관을 확장하고, 추위는 혈관을 수축한다. 확장과 수축을 반복하면 혈관은 탄력이 떨어진다. 약해진 혈관 때문에 피부가 붉어지고 수분을 잃고, 홍반을 만들기도 한다. 겨울철은 낮은 기온이 혈액 순환과 신진대사를 방해할 뿐 아니라 습도가 가장 낮은 시기다. 그러다 보니 피부에 영양분 부족 현상이 생기고, 피부가 건조하다. 건조한 피부는 가려움증, 아토피 피부염, 건선, 지루성피부염이 발생하기 쉽다.

**겨울철 피부 관리 요령**

1. 과도한 세안은 피하고, 가볍게 약산성 세안제를 사용한다.
2. 때를 미는 목욕보다는 약산성 세정제로 샤워한다. 피부 장벽이 손상되면 가려움증을 유발한다.
3. 보습에 특별히 신경을 쓴다. 수분 보습제를 충분히 바르고, 크림이나 오일류를 덧발라 준다. 유분막은 수분이 빠져나가지 못하게 해주고, 외부에서 오는 건조증을 막는 데 도움을 준다. 여드름 피부는 유분막이 여드름을 유발하기도 하므로 피부 유형에 맞는 제품을 덧바른다.
4. 난방 기기의 직접적인 열과 바람을 주의한다. 적절한 실내 온도를

유지하고, 숯이나 가습기를 사용하여 실내 습도를 유지한다.

5. 커피나 탄산음료는 이뇨작용으로 수분을 체외로 배출한다. 물을 많이 마신다.

〈출처〉 계절별 피부 관리 - (주)엠케이유니버셜

## 겨울철 피부 관리 상식

겨울철 꽁꽁 싸맨 몸과 달리 노출된 얼굴은 차가운 칼바람과 건조한 날씨 탓에 각질이 일어나거나 홍조가 심해지는 등 여러 가지 피부 문제가 나타난다. 특히 최근엔 삼한사미라는 신조어가 생길 정도로 미세먼지가 기승을 부려 일각에선 피부염으로 고생하는 사람들도 늘어났다. 이러한 겨울철 거칠어진 피부를 되돌릴 관리와 예방법을 소개한다.

### 겨울철 피부 관리 기본은 수분 채우기

건조한 겨울철은 수분을 앗아가기 쉬워 충분한 수분 공급이 필수다. 먼저 체내 수분 유지를 위해 물을 많이 마시는 것이 좋다. 기초화장 시 보습감이 충분한 제품을 사용하자.

### 찜질이나 난방 기구는 될 수 있는 대로 멀리

자연스레 움츠리게 되는 추운 날씨로 뻐근한 몸을 녹이기 위해 따듯한 물로 샤워를 하거나 찜질방을 찾는 이들이 늘어난다. 그러나 따듯한 물은 피부에 자극을 주어 기름을 돌게 하고 찜질방과 같이 고온 건조한 곳은 피부 건강을 유지하는 데 최악의 환경이므로 피해야 한다. 또 춥다고 난방 제품을 자주 사용하면 피부를 더욱 건조하게 만들 수 있다.

### 목욕이나 각질 제거 횟수 줄이기

건조함으로 인한 문제가 많아지는 겨울철은 각질 정돈 횟수를 줄이는 것이 수분 유지에 도움이 된다. 주 1회 하던 각질 제거도 겨울에는 2~3주에 한 번 정도로 줄이는 것이 좋다. 잦은 샤워도 수분을 앗아가기 좋은 환경을 만들어 주기 때문에 2~3일에 한 번으로도 충분하다. 하루 한 번 샤워를 해야 한다면 보습제를 충분히 바르자.

### 자외선 차단제는 잊지 말고 바르기

여름철 피부를 보호하기 위해 발랐던 자외선 차단제는 겨울철에도 피부 보호를 위해 여전히 잊어선 안 되는 필수품이다. 자외선은 피부 면역체계에 작용해 피부노화로 인한 피부 손상과 피부암 등을 유발할 수 있기 때문에 365일 바르는 것을 권한다.

(한강타임즈)

4

# 피부 유형에 따른 관리법

피부 유형은 유분량에 따라 지성, 건성, 중성, 복합성, 민감성으로 나눈다. 하지만 5가지 유형으로 딱 떨어지는 것은 아니다. 나이, 계절, 환경, 호르몬 같은 요인으로 바뀌기도 한다. 지성이면서 민감한 피부가 있고, 건성이면서 민감한 피부가 있다. 민감성과 지성, 건성, 복합성이 함께 나타나기도 한다. 수분 부족형 지성피부라고 말하는 수분부족형 지성피부도 민감성과 지성의 복합 유형이다. 피부 유형별 특성을 알면 자신의 피부가 한 가지 유형인지 두 가지 이상의 복합성 피부인지 알 수 있다. 아울러 피부 유형에 맞는 관리가 가능하다.

## 지성피부

우리 피부는 유분량에 따라 크게 지성과 건성으로 구분한다. 피지 분비량이 많으면 번들거리고, 모공이 크며, 블랙헤드가 많이 생긴다. 특히 지성피부는 각질과 유분이 많다 보니 여드름이 생기고, 머리에 비듬도 많이 생긴다. 이로 인해 잔주름은 잘 생기지 않지만 굵은 주름이 생길 가능성이 크다.

지성피부는 모공 속에 노폐물이 쌓이지 않도록 세안을 깨끗이 해주어야 한다. 미지근한 물로 세안하고 시원한 물로 마무리해서 모공이 커지지 않도록 주의한다. 모공 속에 피지와 노폐물이 엉겨서 쌓이면 모공이 막히고, 블랙헤드 때문에 모공이 더 커진다. 지성피부는 모공 속에 노폐물이 쌓이지 않도록 피지 제거와 각질 제거에 주의를 기울여야 한다. 세안만으로 제거되지 않은 모공 속 노폐물은 스팀타월을 이용해 피지를 녹여서 빼준다.

유분이 많은 화장품은 모공을 막아 트러블을 유발하기 때문에 사용하지 않는 것이 좋다. 피부에 유분이 많으면 수분 화장품조차 바르지 않는 경우가 있다. 수분이 부족하면 유·수분 균형을 맞추려고 유분을 더 많이 만들어 내기 때문에 더욱 번들거린다. 수분 제품을 사용해서 유·수분 균형을 맞춰줘야 한다.

**<지성피부 체크리스트> 2가지 이상이면 건성피부**

| 체크리스트 | 예 | 아니오 |
|---|---|---|
| • 피지 분비가 많아서 번들거린다. | | |
| • 모공이 크며 블랙헤드가 많다. | | |
| • 각질 때문에 피부가 두껍고 거친 느낌이 난다. | | |
| • 여드름이 난다. | | |
| • 머리에 비듬이 많이 생긴다. | | |
| • 화장 후 몇 시간만 지나면 화장이 지워진다. | | |

## 건성피부

건성피부는 유분이 적고 피지 분비가 되지 않아 모공이 작다. 또한 쉽게 건조하고 잔주름이 많이 생기며, 피부가 얇다. 특히 겨울철에는 심한 각질이 발생한다. 손발이 쉽게 트며 세안 후 피부 당김이 심하다.

이런 경우, 아침에는 가볍게 물 세안만 하고, 저녁에는 보습력이 좋은 약산성 세안제로 가볍게 세안한다. 세안 후 수분이 없어지기 전에 바로 보습 제품을 바른다. 화장품은 유분과 수분이 많은 제품을 사용하여 수분을 넣어주고, 수분이 날아가지 않게 유분 보호막으로 덮어준다.

건성피부는 피부가 얇아서 지성피부보다 색소침착 확률이 높다. 자외선 차단제를 꼼꼼하게 발라서 보호한다. 커피나 탄산음료는 최소화하고 수분 섭취를 충분히 한다.

**<건성피부 체크리스트> 2가지 이상이면 건성피부**

| 체크리스트 | 예 | 아니오 |
|---|---|---|
| • 유분이 적다. | | |
| • 모공이 작다. | | |
| • 쉽게 건조해진다. | | |
| • 잔주름이 많은 편이다. | | |
| • 피부가 얇다. | | |
| • 겨울에 하얗게 각질이 발생한다. | | |
| • 손발이 쉽게 튼다. | | |
| • 세안 후 피부 당김이 심하다. | | |

## 복합성 피부

여러 가지 피부 유형이 공존하는 피부다. 보통 U존은 건성이고, T존은 지성인 경우가 많다. 그렇다고 반드시 U존과 T존으로 나뉘지는 않는다. 이마와 코와 턱은 지성이고 볼만 건성인 경우도 있고, 이마와 코와 볼이 지성인 경우도 있다.

지성 부위는 지성 제품을 사용하고 건성 부위는 건성 제품을 사용하는 게 맞는데, 건성 제품과 지성 제품 모두 사서 부위별로 바를 필요는 없다. 얼굴 전체에 보습제를 충분히 바르고, 건조한 부분에 페이스 오일이나 유분이 들어간 크림으로 막을 한번 씌워주면 해결된다.

**<복합성 피부 체크리스트> 3가지 이상이면 복합성피부**

| 체크리스트 | 예 | 아니오 |
|---|---|---|
| • T존 부위에 모공이 크며, 유분이 많은 편이다., | | |
| • T존 부위에 화장이 잘 지워진다. | | |
| • 세안 후 U존 부위가 당긴다. | | |
| • U존은 건조하며 유분이 없는 편이다 | | |
| • 트러블이 있다. | | |
| • 당기는 현상과 번들거리는 현상이 같이 나타난다. | | |

## 정상 피부

모두가 원하는 이상적인 피부다. 중성피부라고도 하는데 지성피부나 건성피부도 관리를 잘하면 정상 피부가 될 수 있다. 모공 크기가 적당하며, 피지 분비량이 알맞다. 피부가 곱고, 탄력이 있으며 색소침착도 없다.

세안은 가볍게 하고, 정당히 각질 제거를 한다. 유·수분 균형이 잘 유지되도록 적당한 제품을 사용한다. 정상 피부는 건강한 피부 상태를 계속 유지하는 게 중요하다.

**<정상 피부 체크리스트> 3가지 이상이면 정상피부**

| 체크리스트 | 예 | 아니오 |
|---|---|---|
| • 세안 후 당기는 증상이 거의 없다. | | |
| • 유분이 너무 많지 않지만, 전체적으로 광이 난다. | | |
| • 보습감으로 피부가 촉촉하다. | | |
| • 색소침착이 잘 안 된다. | | |
| • 화장이 잘 받고 지속력이 좋다. | | |
| • 피부 탄력이 좋고 저항성이 좋다. | | |
| • 여드름이 없다. | | |

## 민감성 피부

피부 유형 설문을 하면 대부분 사람이 피부가 민감하다고 답한다. 방문한 고객들만 봐도 가장 많은 유형이 민감성 피부다. 민감성 피부는 피부 장벽 약화와 관련이 아주 깊다. 홍조나 열 때문에 피부 장벽이 약해지고, 피부 염증이 자주 발생한다. 피부가 화끈거리거나 따끔할 때가 있다. 화장품을 바꿀 때 간지럽거나 붉어지기도 한다. 물을 바꿔도 간지럽고 붉어질 때가 있다. 관리 후 얼굴이 붓거나 간지러울 때도 있다. 금이 아닌 장신구를 착용했을 때 발진이 발생하기도 한다.

민감성 피부는 피부가 얇아서 모세혈관이 많이 보인다. 보습제를 발라도 금방 건조해진다. 민감성 피부는 피부 자극을 줄여야 한다. 열 자극을 줄이려면 발과 배를 따뜻하게 만들어서 얼굴의 열을 정상으로 내려준다.

약산성 세안제로 가볍게 세안한다. 미백이나 기능성 제품은 쓰더라도 최소화하고 조금씩 적응하면서 사용한다. 알코올류 제품과 알레르기를 유발하는 향료는 피하고, 색소가 없는 화장품을 사용한다. 자외선 차단제는 유기성 자외선 차단제보다는 무기성 자외선 차단차를 사용하고, 무기성 자외선 차단차가 불편한 경우에는 혼합성 자외선 차단제를 사용한다.

화장품을 사용한 후 작열감이 들거나 붓거나 간지러운 증상이 생기면 일단 중단한다. 피부가 건강한 상태가 되면 조금씩 사용을 늘려가야겠지만 특정 성분에 알레르기가 있는 경우에는 사용을 자제해야 한다.

**<민감성 피부 체크리스트> 2가지 이상이면 민감성피부**

| 체크리스트 | 예 | 아니오 |
|---|---|---|
| • 홍조나 열이 난다. | | |
| • 피부가 화끈거리거나 따끔거린 적이 있다. | | |
| • 화장품을 바꿀 때 간지럽거나 붉어진 적이 있다. | | |
| • 물이 바뀌면 간지럽거나 붉어진 적이 있다. | | |
| • 관리 후 얼굴이 붓거나 간지러운 적이 있다. | | |
| • 금이 아닌 장신구를 착용했을 때 발진이 발생한다. | | |
| • 모세혈관이 많이 보인다. | | |
| • 얼굴이 붉다. | | |
| • 보습제를 발라도 건조하다. | | |

## 수분부족형 지성피부

피부 유형으로 분류하지는 않지만 워낙에 수분부족형 지성피부가 많아서 별도로 구분했다. 피부 유형을 정확히 판단하기 어렵게 만드는 피부 중 하나가 수분부족형 지성피부다. 여러 증상을 나타내어 복합성 피부라고 오인하기도 한다.

복합성 피부는 부위별로 다른 유형이고, 수분부족형 지성피부는 수분이 부족한 지성피부다. 기본적으로는 지성피부라 피지 분비량이 많지만, 피부 장벽 약화로 건조해지면서 생긴 현대판 피부 유형이다. 지성피부와 민감성 피부가 함께 공존한 상태다.

피부가 건조하면 유·수분 균형을 맞추고자 유분을 더 많이 분비한다. 유분이 많다 보니 기름종이로 제거하는 데만 신경 쓰고 보습을 소홀히 한다. 유분 제거에 건조함까지 생기니 피부는 유분을 더 많이 만들어 내고, 또 유분을 제거하고 보습은 하지 않는 악순환이 일어난다. 수분부족형 지성피부 유형에 좁쌀 여드름이 많은 이유다.

수분부족형 지성피부는 피부 장벽을 항상 촉촉한 상태로 만드는 게 중요하다. 세안을 가볍게 하고, 보습을 충분히 하며, 적당한 각질 제거로 피부의 각화 주기를 맞춰야 한다.

**<수분부족형 지성피부 체크리스트> 4가지 이상이면 수분부족형 지성피부**

| 체크리스트 | 예 | 아니오 |
|---|---|---|
| • 유분이 많은데 속 당김이 있다. | | |
| • 여드름이 난다. | | |
| • 피지 분비가 많아서 번들거린다. | | |
| • 모공이 크며 블랙헤드가 많다. | | |
| • 겉은 번들거리는데 피부 속이 건조하고 예민한 느낌이다. | | |
| • 얼굴이 붉거나 열이 난다. | | |
| • 피부가 화끈거리거나 따끔거린 적이 있다. | | |
| • 화장품을 바꿀 때 간지럽거나 붉어진 적이 있다. | | |

## 화장품 부작용 대처방법

화장품 부작용이 발생하면 화장품이 문제일까, 피부가 문제일까? 저렴한 화장품을 쓸 때는 괜찮았는데 비싸고 좋은 명품 화장품을 썼더니 오히려 피부가 엉망이 됐다는 사람도 있다. 화장품 회사에서는 '명현현상'이라며, 피부에 있는 독이 나오고 있으니 계속 쓰면 좋아진다고 말한다. 과연 진실일까? 이럴 때 계속 써야 할까 쓰지 말아야 할까?

피부가 예민한 사람은 화장품을 바꿔서 얼굴이 뒤집힌 경험이 종종 있다. 피부가 건강할 때는 아무렇지 않다가도 면역력이 떨어지면 이런 증상이 많이 일어난다. 같은 제품인데 어느 날은 괜찮고 어느 날은 뒤집힌다면 화장품이 문제일까, 피부가 문제일까?

피부 장벽은 외부의 적이 들어오지 못하도록 방어하는 역할을 한다. 장벽이 무너지면 화장품 성분을 적으로 느끼기 때문에 인체를 보호하려고 염증 반응이 일어난다. 이럴 때는 사용을 중단하고 피부 장벽 보호에 집중해야 한다. 피부에 자극을 주는 행위를 멈추고 피부 장벽에 좋은 세포 간 지질 성분을 사용하여 보호해야 한다.

화장품 사용 후 부작용이 생기면 더는 사용하지 않아 유통기한이 지나버리기 일쑤다. 알레르기와 접촉성 피부염에 따라 사용 여부를 결정하면 사용하든지 남을 주든지 결정하기가 쉽다.

접촉성 피부염은 바르자마자 바른 부위가 붉어지며 보통 3시간 이내에 증상이 나타난다. 증상이 늦게 발현되더라도 12시간 이내에 반응이 일어난다. 염증 반응은 보통 며칠 이내에 진정이 된다. 접촉성 피부염은 대개 피부 장벽 약화로 일어나는 경우가 많다. 피부 장벽이 튼튼해지면 사용해도 전혀 이상 반응이 나타나지 않는 경우가 많다. 접촉성 피부염이 진정된 후 소량씩 서서히 사용량을 늘려주면서 피부에 적응하도록 한다. 비싸게 구매한 화장품을 사용하지도 못하고 화장대에 묵힐 필요가 없다.

알레르기는 어느 정도 시간이 지난 다음에 다시 발생한다. 몸 전체에 이상 증상이 나타날 수도 있다. 수차례 여러 번 자극을 받은 상태에서는 적은 양에도 반응하므로 알레르기가 있는 제품은 사용하지 않는 게 좋다. 알레르기를 유발하는 특정 성분을 미리 알고 있으면 화장품 성분표를 보고 사용 여부를 결정할 수 있다. 2008년 '화장품 전성분표시제'를 시행한 이후 우리는 개별 성분을 확인할 수 있다. 문제는 성분을 표시해도 어떤 역할을 하는지, 피부에 유해한지 이름만 보고는 알 수가 없다는 사실이다. 아래에 있는 화장품 유해성분 20가지를 참고하면 도움이 된다.

시중에서 판매하는 화장품은 괜찮은데 관리실 화장품이나 백화점 화장품을 쓰면 상대적으로 기능성 성분 함량이 높은 편이라 피부에 문제를 일으키는 경우가 있다. 기능성 화장품은 피부가 자극 받거나 알레르기를 유발할 가능성이 있다. 주름이나 미백에 효과가 있는 만큼 피부 자극도 크기 때문이다. 화장품을 제대로 알면 화장대 뒤에 묵혀둘 일이 없다.

**화장품 유해성분 20가지**

| 성분 | 인체에 미치는 유해성 |
|---|---|
| 아보벤젠 | 자외선 차단제에 많이 쓴다. DNA를 손상하고 피부암을 유발할 수 있다. 다른 이름으로는 파르솔 1789, 부틸메톡시디벤조일메탄으로 부른다. |
| 이소프로필 알코올 | 헤어린스, 바디 스크럽, 핸드로션, 면도로션, 향수뿐 아니라 구강세척제, 애프터쉐이브 제품에 쓴다. 휘발성이 강하기 때문에 잔류독성은 거의 없지만 흡입하면 두통, 홍조, 어지러움, 정신쇠약, 메스꺼움, 구토, 혼수상태를 유발할 가능성이 있는 발암물질이다. 프로필 알코올, 프로페놀, 이소프로페놀, 러빙 알코올로 부르기도 한다. |
| 파라벤<br>(에틸, 메틸, 프로필,<br>부틸, 이소프로필) | 가장 많이 사용되는 대표적인 화학 방부제다. 샴푸, 의약품, 화장품 뿐 아니라 치약에도 사용한다. 신체에서 에스트로겐과 비슷한 작용을 하기 때문에 유방암을 일으킬 수 있다. |
| 소디움 라우릴<br>설페이트,<br>소디움 라우리스<br>설페이트<br>(SLS/SLES) | 소디움(소듐) 라우릴 황산염, 소디움 라우레스 황산염이라고도 부른다. 샴푸, 세제, 치약에 사용하는 대표적인 합성 계면활성제다. 피부 알레르기, 탈모, 백내장을 유발한다. |
| 폴리에틸렌글리콜<br>(PEG, Polyethylene<br>glycol) | 샴푸, 세제에 사용하는 합성 계면활성제다. 과도한 세정력으로 피부를 건조하게 만들 뿐 아니라 신장과 간에 괴사를 일으킬 가능성이 있다. |

| | |
|---|---|
| 트리에탄올아민 | 화장품에서 pH 조절용으로 많이 사용한다. 포름알데히드 등 다른 성분과 결합하여 발암물질을 생성할 가능성이 높아 주의가 필요하다. 안과 질환이나 면역체계 이상, 피부 알레르기 반응을 일으킬 수 있으며, 장기간에 걸쳐 사용할 경우 체내에 흡수, 축적되면 독성물질로 변할 수 있다. |
| 이소프로필 메틸페놀 | 화장수, 유액, 썬크림에 사용되는 성분으로, 환경호르몬으로 의심되는 물질이며, 피부 점막 자극성이 강해 부종, 여드름, 뾰루지, 두드러기 등 발진을 일으키고 알레르기를 유발시킬 위험이 있다. |
| 소르빈산(Sorbic acid) | 방부제의 일종이다. 피부와 점막을 자극하는 알레르기를 일으킬 수 있으며 아연산과 반응하면 발암물질로 변할 수 있다. |
| 디부틸히드록시톨루엔 | 유전자 이상을 일으킬 수 있으며, 피하지방에 쌓이기 쉽다. 피부에 자극을 줘 알레르기 등을 일으킬 수 있으며, 탈모를 유발한다. |
| 트리클로산 | 비누, 세제뿐 아니라 치약, 화장품 등에 자주 사용하는 향균제다. 신체에 축적돼 호르몬 교란과 항생제에 대한 내성을 강화하기도 하는 성분이다. |
| 부틸 하이드록시 아니솔 (BHA, Butylated hydroxyanisole) | 산화방지제. 소화기, 간에 출혈을 일으킬 수 있으며 유전자 이상, 알레르기를 일으키고, 암을 일으킬 가능성이 있는 물질로 분류되고 있다. |
| 옥시벤존 | 립스틱, 색조 화장품, 자외선 차단제에 많이 쓰이는 성분인 옥시벤존은 알레르기를 일으키며 순환기, 호흡기, 소화기 장애를 일으킬 수 있는 물질이다. |
| 이미다졸리디닐유레아 | 방부제. 낮은 온도에서 포름알데히드를 방출하는 것으로 알려져 있다. 포름알데히드는 호흡기와 피부를 자극해 염증을 일으키거나 심장 맥박수를 증가시켜 심계항진증을 유발할 수 있다. |

| | |
|---|---|
| 티몰 | 멘톨의 합성원료이자 방부제로 사용되는 티몰은 독특한 향을 내는 성분이다. 화장품에서는 헤어 제품에 주로 사용되는데, 구토, 설사, 어지럼증, 두통, 이명 순환기 장애 등을 일으킬 수 있어 잘 씻어내야 한다. 피부 자극감이 강해 민감한 피부에는 사용하지 말 것을 권하고 있다. |
| 트리이소프로파놀아민 | 유화제의 일종인 트리이소프로파놀아민은 주로 화장수나 향수에 사용된다. 하지만 피지를 과도하게 제거해 피부 건조를 유발하기도 하며, 피부결을 거칠게 만드는 장본인이다. |
| 미네랄 오일 | 피부를 코팅하는 역할을 하기 때문에 피부 호흡과 영양, 수분 흡수를 차단하여 피부의 자가 면역성을 떨어뜨린다. 피부 독소 배출 능력을 방해해 여드름과 피부질환을 유발하며 정상적인 피부 기능과 세포 발육을 방해해 피부를 빨리 늙게 하는 성분이다. |
| 페녹시 에탄올 | 화장품의 부패를 막기 위해 사용된다. 중추신경계에 영향을 미쳐 구토나 설사를 일으킬 수 있다. 향수, 립스틱, 매니큐어 등에 들어간다. |
| 메칠클로로이<br>소치아졸리논<br>&<br>메칠이소치아졸리논 | 세균, 효모, 잔균류의 성장을 억제하는 항균 작용을 하는 화합물이다. 보통 2~3% 사람들에게 알레르기를 일으킬 수 있고, 성장기 아이들의 뇌세포에 DNA 손상을 일으킬 수 있다. |
| 합성착색료 | 일반적으로 청색 x호, 황색 x호, 적색 x호식으로 표시되는 성분이다. 합성착색료가 발암 가능 물질로 분류되고 있어 주의가 필요하다. |
| 합성향료 | 향을 은은하게 오랫동안 보존시키는 인공향료의 종류는 200개가 넘는다. 호르몬을 교란하고, 두통, 기관지 가극, 피부 자극, 알레르기를 유발할 수 있다. |

(소비자가 만드는 신문)

## 문제해결 사례

화장품을 바꾸면 얼굴이 가렵고 붉어져요. 피부 관리 후 얼굴이 붓고 가려워 피부 관리실 가기가 겁나요. 몇 달 후 결혼식인데 관리실을 가도 괜찮을까요?(30대 예비 신부 김수진)

**김수진 씨는 결혼식 때문에 관리를 받고 싶어도 관리실만 다녀오면 접촉성피부염이 생겼다고 한다. 화장품만 바꿔도 늘 이런 현상이 생겨 관리받기가 겁난다고 했다. 시어머니, 친정어머니 모두 피부 관리를 받고 있는데 정작 신부만 못 받고 있었다. 김수진 씨는 같은 피부를 가진 사람의 소개로 방문해서 기본적인 믿음은 가지고 있었다. 하지만 그동안 이런 현상을 너무 많이 겪었기 때문에 불안한 마음을 감출 수 없다고 했다. 문진으로 셀프 피부진단을 하고 피부진단기로 분석해보았다. 김수진 씨는 알레르기가 수시로 발생하는 사람이었다. 개털 알레르기, 먼지 알레르기, 햇빛 알레르기, 복숭아 알레르기 반응을 보인다고 했다. 개와 함께 하는 직업을 가졌고 강아지를 키우고 있었다. 자주 씻어서 알레르기를 일으키는 물질들을 잘 제거하는데 신경을 많이 썼다. 그러다 보니 잦은 세안으로 피부 장벽이 약해지고 예민해졌다.**

김수진 씨는 세안 습관부터 고쳐주었다. 실제로 세안 습관이 좋으면 세안으로 피부가 좋아지는 게 아니라 피부를 나쁘게 하는 요소가 제거되어 피부가 안정을 찾는다. 피부염이 자주 일어나는 경우도 그렇다. 약산성 피부는 외부에서 균이 들어오지 못하도록 항균과 항염 역할을 해준다. 피부 장벽이 무너지면 피부를 보호하기 위해 염증 물질을 위로 올려 보내다 보니 반복적으로 염증이 일어난다. 자극을 최소하하는 세안제로 세안만 가볍게 해도 피부 염증은 줄일 수 있다.

패치 테스트를 하며 알레르기를 유발하는 제품을 찾아 나갔다. 알레르기를 유발하는 향료와 색소를 최대한 사용하지 않았다. 접촉성 피부염은 세안 습관으로 많이 개선되었다. 알레르기는 향료와 색소 사용을 최대한 자제함으로써 횟수가 현저히 줄어들었다.

반복된 피부염은 주름과 노화를 만든다. 그녀는 피부가 열이 나고 쭈그러들 때가 많아 친구들보다 나이 들어 보인다고 속상해했다. 지금은 염증 증상이 거의 나타나지 않다 보니 피부의 열도 오르지 않고 피부의 수화도도 높아졌다. 갈수록 동안이 된다며 거울 볼 때마다 기분이 좋다고 한다. 결혼식 때 피부가 좋아서 정말 행복했다고 말했다.

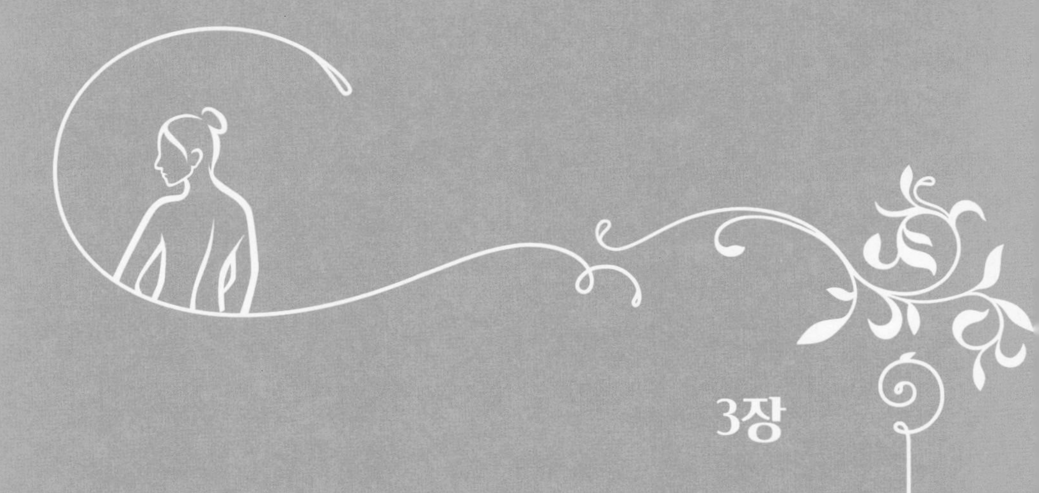

3장

# 피부 문제 해결하기

## 여드름은 왜 나는 걸까?

피지가 모공 속 각질 때문에 모공 밖으로 나가지 못하면 여드름이 된다. 사춘기가 되면 왜 여드름이 나기 시작할까? 호르몬 영향 때문이다. 사춘기 때 왕성하게 분비되는 남성호르몬 테스토스테론은 혈관을 타고 흐르다 피부 속 효소에 의해 디하이드로테스토스테론DHT: Dihydrotestosterone으로 변한다. DHT는 피지선을 자극하여 피지 분비를 촉진한다. 왕성하게 분비되는 피지가 모공 내에서 각질과 뒤엉켜 모공 밖으로 나가지 못하고 난포 벽에 쌓이면 여드름이 된다.

사춘기라고 모두 여드름이 나지는 않는다. 여드름은 유전 요인이 가장 크다. 여드름 체질인 사람은 모공 내에서 각질을 생성하는 속도가 정상인보다 20배 정도 빠르다. 그러나 각질을 탈각시키는 조직판 미립자 수는 정상인보다 오히려 적다.

하루에 한 장씩 탈각해야 건강한 각질층이 된다. 정상적인 각질층에는 각질 간 접착을 분해하여 각질을 떨어뜨리는 단백질 분해효소가 많지만, 여드름 피부는 모공 안쪽에서 두꺼운 각질층을 형성하는 게 문제다. 모공 내 각질 비후 현상을 일으키는 것이다. 모공 밖 각질은 평균 14~20장 정도고, 모공 내 각질은 4~5장 정도다.

여드름은 모공 안에 각질이 쌓여 문제가 된다. 강한 세안으로는 모공 안쪽에 있는 각질을 절대 제거하지 못한다. 그런데 여드름이 나는 사람은 피지와 각질을 깨끗이 하려는 생각으로 강한 세안을 한다. 여드름 피부는 대부분 예민한데, 이런 잘못된 세안 방법이 문제다. 여드름 피부는 세안을 가볍게 해야 한다.

## 여드름의 종류

최초에 생기는 여드름 씨Micro Comedo는 눈에 보이지 않는다. 〈그림3-1〉 여드름 발달 과정을 보면, 여드름 씨가 점차 커가면서 성숙 여드름Mature Comedo이 된다. 여드름 씨가 성숙 여드름이 되기까지는 약 90일이 걸린다. 성숙 여드름이 되면 피부 밑에 하얀 좁쌀 모양White Head을 띤다. 손으로 만지면 작은 알갱이가 잡힌다. 성숙 여드름은 난포 벽의 파열 유무에 따라 화농성 여드름이 되거나 비화농성 여드름이 된다. 난포 벽이 파열되지 않으면 비화농성인 화이트헤드나 블랙헤드로 변하고 밖으로 배출된다. 만일 화이트헤드나 블랙헤드로 변했다면, 여드름이 문제를 키우지 않고 밖으로 나올 준비를 한다는 뜻이다. 하지만 난포 벽이 파열되면 화농성 여드름으로 발전하기 시작한다.

**<그림3-1> 여드름 발달 과정**

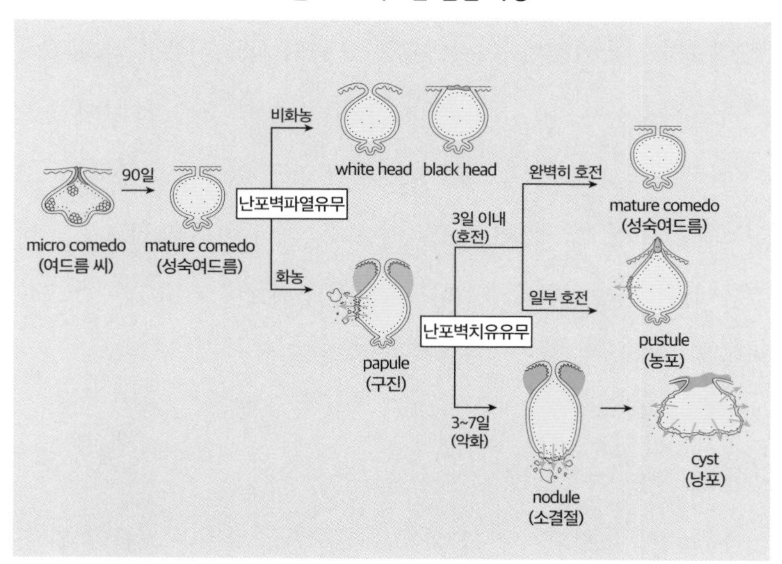

### ① 구진 여드름(Papule)

피부 주변이 홍분되어 탱탱하고 선홍색을 띠며 모공도 보이지 않는다. 이때는 압출하지 않는다. 난포 안에는 세균이 사는데, 난포 벽이 파열되면서 난포 밖으로 배출된다. 면역세포인 백혈구는 세균과 싸우며 식균 작용을 한다. 백혈구와 세균이 싸우는 과정에서 가렵고 열이 나고 따끔거린다. 자꾸 손이 가서 긁는 시기가 이때다. 긁거나 자극을 주면 난포가 회복되지 않고 악화한다.

### ② 농포 여드름(Pustule)

백혈구 식균 작용 과정에서 죽은 백혈구와 세균, 파열된 주변 조직은 인체의 입장에서 보면 이물질이다. 불필요한 이물질은 밖으로 배출하는데 이것이 농pus이다. 난포벽의 치유 여부에 따라 좋아지기도 하고 더 나빠지기도 한다. 완벽히 호전되면 눈에 보이지 않는 성숙 여드름이 되고, 일부 호전되면 농포 여드름이 된다. 농포 여드름은 구진 여드름이 2~3일 지난 후, 농이 피부 표면으로 몰려 고름이 눈에 띄는 여드름이다. 홍분은 구진보다 가라앉고 여드름 씨앗을 타원형 모양으로 보존한 상태다.

### ③ 소결절 여드름(Nodule)

난포 벽이 호전되지 않고 더욱 나빠지면 소결절 여드름이 된다.

소결절 여드름은 난포 벽이 복구되지 않고 밑으로 커지면서 파열된다. 난포가 밑으로 커졌기 때문에 회복이 되더라도 흉터를 남긴다.

검붉은 색을 띠고, 모공이 보이고 누르면 딱딱한 결절 느낌이 난다. 겉 통증은 없지만, 속 통증이 있다. 압출하면 검붉은 피고름이 나오고 큰 알맹이와 작은 알맹이들이 같이 나온다. 난포 벽이 스스로 좋아지거나 휴지기에 들어갈 때까지 화농은 계속된다. 소결절 여드름은 제거하지 않으면 반복해서 재발한다. 난포 안에 여드름 알맹이가 있으면 백혈구는 계속 난포를 공격하게 된다. 가만히 두기만 해도 난포 벽은 피부 아래로 커지면서 내려온다. 그뿐만 아니라 반복적으로 외부 자극을 주면 난포가 더 자극을 받을 수 있다. 자가 압출을 하면 절대 안 되는 여드름이다. 깊은 여드름이기 때문에 자가 압출하면 나오지 않고 자극만 더해지기 때문에 난포 벽 복구가 더 어려워진다. 다른 여드름도 마찬가지지만, 소결절 여드름은 특히 전문가에게 압출을 받아야 한다.

### ④ 낭포 여드름(Cyst)

너무나 낭패스러워서 이름도 낭포 아닌가 할 만큼 심한 여드름이다. 검고 푸르스름하면서 모공도 안 보이고 말랑말랑한 느낌이 난다. 누르면 부드럽게 느껴지고 통증은 거의 없다. 압출하면 녹은 초콜릿처럼 검은 피고름이 나고 압출 후에는 뚫린 구멍을 볼 수 있다. 낭포여드름은 1cm 이상이거나 종기 성 여드름이다 보니 흉터를 크게 만든다. 여드름 여러 개가 서로 연합되는 경우가 많다.

## 여드름 흉터가 생기는 이유

난포 벽이 파열돼서 복구능력이 부족하면 화농성 여드름이 된다. 모공 안에 차 있는 덩어리 때문에 난포 벽은 이미 약해져 있다. 덩어리를 강력한 적으로 생각하고 백혈구는 난포 벽을 공격한다. 난포 벽이 파열되면서 여드름 알맹이가 세균과 함께 진피조직으로 노출된다. 배출된 세균이 지속해서 주변 조직을 파괴하고 분비물을 배설한다. 자극적인 배설물이 혈관 벽 신경을 자극해 모세혈관을 확장한다. 백혈구 식균 과정에서 주변 조직과 이물질을 밀어낼 때 콜라겐까지 분해하여 파괴하기 때문에 파인 흉터가 생긴다.

스트레스를 받거나 자주 만지거나 직접 여드름을 짜거나 수면부족일 때 난포 벽 파열이 더 잘 일어난다. 반대로 충분한 휴식을 하면 인체는 복구 작업을 한다. 여드름 흉터를 키우지 않으려면 잘 자고 잘 쉬어야 한다. 특히 손으로 짜거나 자극을 주면 안 된다. 안타깝게도 한번 생긴 여드름 흉터는 쉽게 좋아지지 않는다. 미리미리 세심하게 관리해야 흉터가 남지 않는다. 여드름 관리를 반드시 전문가와 함께해야 하는 이유는 바로 여드름 흉터 때문이다. 여드름은 나이가 들면 서서히 줄지만 흉터는 쉽게 복원되지 않는다. 흉터가 좋아진다고 해도 비용이 많이 들기 때문에 미연에 방지하는 게 중요하다. 여드름 교육에 중점을 두는 이유다.

**화농성 여드름 악화 원인**

1. 스트레스
2. 수면 부족 - 아무리 악화하여도 잠만 잘 자면 호전된다.
3. 생리전 증후군
4. 자가 압출
5. 감기(몸이 좋지 않을 때), 사우나, 운동, 음주, 수영

## 생리전증후군 여드름 관리법

생리 전에는 반복해서 정서적, 행동적, 신체적 증상들이 나타난다. 호르몬의 영향 때문인데 피부가 나빠지고 여드름이 난다. 여성 호르몬 에스트로겐이 분비되면 피부는 예뻐진다. 반면 프로게스테론이 증가하면 각질과 피지 준비량이 늘어나서 여드름이 생긴다.

생리 주기에 따라서 피부 상태가 많이 변화하기 때문에 거기에

맞춰 적절한 관리가 필요하다. 생리를 시작하면 피부는 점차 좋아지기 시작한다. 생리가 끝날 무렵부터 배란기까지 에스트로겐이 가장 많이 분비되기 때문에 피부 상태가 가장 좋다. 배란일이 지나면 프로게스테론이 많이 분비되기 시작한다. 이때 피지 분비량이 증가하며 각질과 유분이 늘어난다. 점차 많아지는 각질과 유분 때문에 피부가 점차 나빠지다가 생리 직전에는 최악이 된다. 민감하고 부종이 심하고 재생력도 떨어진다. 가장 심각한 문제는 생리전 증후군 여드름이다.

**<그림3-2> 호르몬 분비량에 따른 피부 상태**

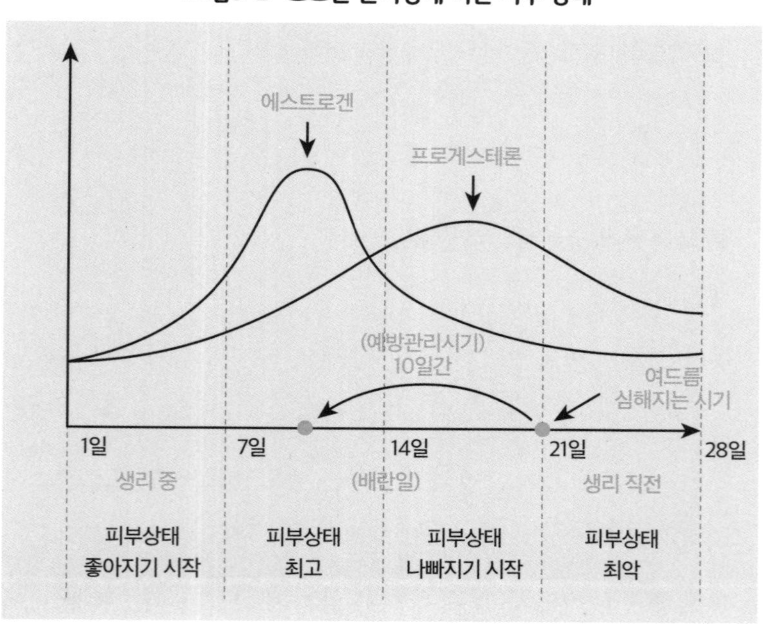

생리전증후군 여드름 수백 가지 사례를 분석했더니 발생 시기가 사람마다 약간씩 차이가 있었다. 일주일 전쯤부터 여드름이 심해지는 사람도 있었고, 3일 전쯤부터 심해지는 사람도 있었다. 생리 당일부터 심해지는 사람도 있었고, 심한 사람은 2주 전부터 심해지기도 했다. 하지만 대다수는 생리 일주일 전부터 악화하기 시작했는데, 개인마다 본인의 패턴 주기는 비슷했다.

생리전증후군 여드름은 악화 시기 10여 일 전부터 예방관리를 시작한다. 생리를 시작하고 약 10~12일 후부터 10일간이 예방관리 기간이다. 피부 상태가 가장 좋은 시기라 여드름 선행 관리를 생각하지 못하는데, 이때 피지 조절과 각질 관리를 미리 하면 생리전증후군 여드름을 예방할 수 있다. 배란일 이후 프로게스테론이 나오기 시작하면서 각질과 피지량이 증가하기 시작하여 여드름 양도 급격하게 늘어난다. 미리 관리하여 좋은 환경을 만들어 놓으면 여드름 발생량이나 속도가 현저히 준다.

생리전증후군을 모르고 여드름을 관리하면 여드름 패턴을 인지하지 못해 호전 속도가 느리다. 자신만의 피부 패턴을 기록하면서 관리하는 습관을 갖도록 하자.

## 여드름 관리 방법

여드름은 예방이 중요하다. 잘못된 세안 습관이나 자가 압출 같은 자극인자를 최소화해야 한다. 아울러 피지 증가, 난포 벽 파열 촉진, 복구능력 저하 같은 내적 악화 인자가 늘지 않도록 노력해야 한다.

**여드름 5대 악화 인자**

1. **스트레스**: 피지 증가, 난포 벽 복구능력 저하
2. **수면 부족**: 난포 벽 복구 방해
3. **황체기**: 프로게스테론의 증가로 피지 증가, 난포 벽 복구 방해
4. **잘못된 세안 습관**: 난포 벽 파열 촉진
5. **자가 압출**: 난포 벽 파열 촉진

여드름 관리는 전문가 도움과 홈 관리를 병행해야 한다. 홈 관리만으로 부족한 이유는 자가 압출 문제가 크기 때문이다. 혼자 짜려다 보면 난포 벽을 자극하여 여드름 주변 조직까지 상하게 된다. 쥐어짜면 착색 현상까지 생긴다. 세안 습관을 바로 하고, 자가 압출을 하지 않으며, 얼굴에 손을 대지 않도록 주의해야 한다. 피지 제거와 각질 제거, 세균 성장억제에 효과 있는 여드름 전용제품 사

용도 필요하다.

여드름은 83%가 유전이다. 여드름 체질이면 사춘기에 피지 분비가 시작되며 여드름이 생긴다. 여드름은 호전과 악화를 반복하면서 최고조 악화상태를 만들고, 점점 완화하기 시작한다. 악화 기간이 호전 기간보다 길면 여드름 악화 시기고, 지속해서 심하면 최악의 시기다. 반대로 호전 기간이 악화 기간보다 길면 호전 시기다.

여드름은 나이가 들면 자동으로 좋아진다. 아울러 치료 후에도 호전과 악화를 계속 반복하는 특징이 있다. 그렇다면 나이가 들면 자연스레 좋아지고, 관리해도 재발하는 여드름을 굳이 관리할 필요가 있을까? 당연히 관리해야 한다.

3개월 이상 꾸준히 관리하면 체질 변화가 가능하다. 관리를 하면 난포 벽의 복구능력이 호전되고 난포 벽 파열이 줄어든다. 여드름의 크기는 줄어들고, 심한 화농성 여드름은 덜 심한 화농성 여드름이 되고, 화농성 여드름은 비화농성 여드름이 된다. 여드름 흉터가 남을 사람도 여드름 관리를 잘하면 흉터가 생기지 않거나 줄일 수 있다. 여드름이 나는 기간에도 덜 심한 상태로 약하게 지나간다. 여드름 관리는 선택이 아니라 필수다. 절대 자가 압출하거나 손으로 만지거나 자극적인 강한 세안을 하지 마라.

## 문제해결 사례

여드름을 직접 짜도 되나요? 여드름은 없어지지 않고 흉터만 심해요!(30대 직장 남성 김현욱)

**김현욱 씨는 피지 분비가 많고 소결절 여드름과 낭포성 여드름이 많았다. 그러다 보니 얼굴에 흉터가 많았다. 학창 시절부터 여드름 때문에 고민이 많았다고 한다. 선천적으로 여드름이 발생할 유전인자가 많은 사람이었다.**

김현욱 씨는 여드름이 났을 때 참지 못하고 자꾸 짜기 시작했다. 코메도나 면봉으로 짜면 괜찮다고 생각하고 보이는 대로 짰다. 여드름은 쉽게 나오지 않고 난포 벽만 터져서 악성 여드름으로 변했다. 소결절이 되면 난포는 기다랗게 피부 속까지 깊게 커진다. 커진 난포는 깊은 굴을 만들어 파인 여드름이 된다. 착색된 흉터까지 생긴다. 여드름이 잘 나오지 않게 되니 강제로 짓누르게 되고 피부 세포는 괴사하여 착색된다.

여드름은 관리해도 또 나게 되어 있다. 여드름 관리를 잘한다고 소문난 곳에서 관리를 받아도 또 난다. 그런데 왜 여드름 관리를 해야 할까? 첫째 이유는 흉터를 만들지 않기 위해서다. 한 번 생긴 흉터는 100% 없애기 어렵다. 어느 정도 줄인다고 해도 비용이 만만치 않다. 흉터를 만들지 않으려면 악화 인자를 줄여야 한다. 여드름이 나더라도 호전이 잘되면 깊은 흉터는 남지 않는다. 자가 압출이 가장 좋지 않은 악화 요인이다. 압출은 반드시 전문가에게 맡겨야 한다. 여드름을 관리해야 하는 두 번째 이유는 여드름이 덜 나거나 호전 속도가 빠르기 때문이다.

김현욱 씨는 선천적으로 각질 생성 속도가 빠르고 피지 분비량이 많아 관리실에서 각질과 피지를 조절해 주고, 집에서는 보습에 신경 쓰도록 했다. 무엇보다도 얼굴에 손을 대지 않는 게 중요하다. 김현욱 씨의 여드름은 잠자는 습관도 한몫했다. 얼굴을 만지지 않기로 했고, 만지지 않았다고 하는데 자극의 흔적이 너무 많았다. 평소 세안 습관은 이상이 없었다. 문제는 엎드려 자는 습관이었다. 엎드려 자면서 여드름을 베개에 비벼 난포를 자극한 것이다. 수면 습관까지 고치는 노력을 한 결과 3달 정도 꾸준히 관리하고, 지금은 월 1회 방문하는데 피부가 몰라보게 매끈하고 여드름도 좋아졌다.

김현욱 씨에게는 손을 가슴 위로 올리지 않도록 하는 게 중요했다. 손을 올리면 옆 사람에게 때려 달라고 부탁을 하라고 했다. 내가 얼마만큼 맞았는지 알면 얼마나 자주 얼굴에 손을 대는지 안다. 처음엔 많이 맞았는데 지금은 한 대도 맞지 않는다고 자랑한다. 김현욱 씨는 다음 사항을 철저히 지켰다.

① 자극없는 세안제로 세안을 가볍게 한다.

② 처방한 대로 각질 제거와 피지 관리를 한다.

③ 보습 관리를 충분히 해서 피부가 건조하지 않도록 한다.

④ 크림 타입보다는 에센스 타입의 자외선 차단제를 사용해서 모공을 막지

않도록 한다.

⑤ 자가 압출은 절대 하지 않는다.

## 2

# 피부를 지켜야 노화를 막는다

### 피부노화의 원인

늙고 싶지 않지만 노화는 어쩔 수 없다. 하지만 같은 나이라도 더 젊어 보이는 사람이 있고, 나이 들어도 젊고 예쁜 피부를 유지하는 사람이 있다. 젊고 예쁘게 보이고 싶은 마음은 모든 사람이 한결같아 젊음을 유지하기 위해 노력을 많이 한다. 피부 관리를 받고 팩을 하며 영양제와 좋은 음식을 챙겨 먹는다.

그렇다면 피부를 늙게 만드는 요인은 무엇일까? 내인성 노화와 외인성 노화가 있다. 내인성 노화는 유전이나 나이를 먹어감에 따라 생기는 노화다. 콜라겐 감소로 잔주름이 생기고 수분이 줄면서 피부가 건조하고 탄력이 떨어지는 자연스러운 노화 과정이다.

**아셀 버나드의 나이에 따른 피부노화 이론**

| 나이 | 증세 | 원인 |
|---|---|---|
| 20-23 | - 아침에 눈 부위가 부석부석석하다.<br>- 안색이 창백하다.<br>- 피부가 맑아 보이지 않는다. | - 림프의 배액이 잘 안되어 피부조직에 수분이 정체되어 있다.<br>- 피부의 혈액 순환이 활발하지 않다. |
| 24-27 | - 눈가 피부가 탱탱한 느낌이 적고 미세한 잔주름이 생긴다.<br>- 눈의 크기가 약간 작아진다. | - 표피 노화로 표피가 얇아지고 면적이 늘어나 있다.<br>- 눈꺼풀의 노화 |
| 28-30 | - 코의 옆쪽 뺨 부위 등에 모공이 커진다. | - 피부노화로 넓어진 모공 입구로 말려들기 때문이다. |
| 31-39 | - 눈가 주름이 뚜렷해졌다.<br>- 눈의 쌍꺼풀 간격이 좁아지고 아래로 처지기 시작한다. | - 표피, 진피의 노화와 동시에 표정근이 수축한다. |
| 40-49 | - 얼굴 윤곽이 전체적으로 아래로 처지기 시작한다.<br>- 사진을 찍으면 주름이 보이지 않아도 나이 든 모습이 뚜렷해진다. | - 피부 전체의 탄력 저하<br>- 피하조직의 결체조직 노화 |

[21일간의 피부 기적], 구희연, 흙마당

하지만 외인성 노화는 다르다. 노화를 가속하는 외부적인 요인 때문에 내인성 노화보다 진행이 빠르지만 다행히 노력으로 조절할 수가 있다. 외인성 노화는 흡연, 미세먼지, 음식, 피부 염증, 전신질환 같은 요인에 영향을 받는데, 대표적인 것은 열 노화적외선와 광 노화자외선다. 흡연이나 미세먼지처럼 공기 중 떠돌아다니는 유해물질도 산화 반응으로 노화를 일으킨다. 흡연은 콜라겐과 엘라스틴을 파괴한다. 특히 입술이 얇아지면서 입 주변에 주름이 자글자글하게 생긴다. 흡연은 유해물질이 몸에 들어가 당 독소를 늘려 혈관 손상까지 일으킨다. 미세먼지는 산화 반응을 일으켜서 피부에 닿는 것만으로 피부노화를 일으킨다.

인간은 산소 없이는 살 수 없다. 산소는 세포로 들어가서 영양물질과 함께 인간이 살아가는 데 필요한 에너지를 만들어낸다. 하지만 이 과정에서 흡입한 산소의 3~5% 정도는 활성산소로 변한다. 활성산소는 불안정한 상태라 자신들의 안정을 위해 주변 물질에 반응하며, 주변 물질을 손상하고 파괴한다.

하지만 인체는 산화 반응을 일어나면 자동으로 산화를 막는 항산화 반응을 한다. 문제는 활성산소가 지나치게 많이 생성될 경우 항산화 반응에 한계가 발생하는데, 이때 활성산소는 강력한 산화작용으로 인체의 모든 세포를 공격해 각종 질병을 일으킨다는 것이다. 심지어 활성산소는 유전물질인 DNA까지 파괴하여 암을 유발하기도 한다. 요즘은 항산화 작용을 돕는 화장품이나 건강기능식품도 많이 나온다. 외부적으로 항산화제를 바르거나 복용하고, 보습제를 발라주면 항산화에 도움이 된다.

음식도 우리 피부에 영향을 준다. 당 독소는 노화를 만들고 혈관을 망가뜨리는 물질이다. 포도당은 단백질이나 지방과 결합하는 당화 반응을 한다. 당 독소는 세포를 딱딱하게 만들고 손상시키며 염증 반응을 일으킨다. 활성산소를 만들어서 산화 스트레스를 일으키며 콜라겐과 같은 결합조직을 딱딱하게 만들어 주름이 생기게 한다. 혈관과 모든 조직의 노화를 촉진한다. 당 독소는 한번 생성되면 조직에 달라붙어 배출하기도 힘들다. 따라서 당 독소 발생을 줄이는 게 중요하다. 당 독소는 포도당이 많이 남아 있을수록 증가한다.

염증이 심한 사람일수록 탄수화물 섭취를 줄이고 밀가루, 설탕, 과당 따위를 먹지 않는 게 좋다. 비타민과 미네랄 같은 식물영양소를 많이 함유하고 당 함량이 낮은 채소를 섭취해야 한다. 대부분의 식물은 탄수화물을 포함하고 있다. 아울러 염증을 유발하지 않는 신선한 지방과 질 좋은 단백질을 섭취해야 한다. 아래의 '당을 줄여주는 식이요법'을 참고하기 바란다. 당 독소를 분해하거나 억제하여 노화의 급행열차에서 내려오길 바란다. 비타민B1은 당 독소 생성을 억제하고 비타민B6는 당 독소 분해에 도움이 된다. 적당한 운동도 당 독소 분해에 도움이 된다.

**당을 줄여주는 식이요법**

**탄수화물:** 비트, 피망, 브로콜리, 양배추, 당근, 근대, 오이, 가지, 마늘, 케일, 부츠, 미역, 호박, 무, 적상추, 붉은 양파, 시금치, 토마토, 애호박, 버섯, 샐러리...

**지방**: 견과류와 씨앗류(가루, 오일, 즙), 브라질너트, 아몬드, 치아씨앗, 아마씨, 헤이즐넛, 마카다미아, 피칸, 잣, 호박씨, 깨, 해바라기씨, 호두, 코코넛(땅콩은 제외) 올리브기름, 코코넛기름, 참기름, 아보카도기름, 호두기름, 오리지방, 유기농 우유(저지방 제외), 치즈, 버터, 플레인 요구르트, 유청…

**단백질**: 목초지에서 키운 육고기, 자연산 생선, 유기농으로 키운 닭과 달걀, 신선한 패류, 갑각류, 단 붉은 고기는 섭취하지 말 것.

## 피부노화의 급행열차 열 노화

피부는 열을 받으면 안 된다. 열이 얼굴을 늙게 만든다. 체온은 36.5도가 정상이지만 피부 온도는 이보다 3~5도 낮다. 피부에 열이 오르면 여러 가지 문제를 일으킨다. 수분을 빼앗아 탄력을 잃게 만들고 재생력을 떨어뜨린다. 멜라닌 색소를 자극해서 피부를 칙칙하게 만든다. 반복되는 홍조현상은 모세혈관을 확장하고 피부를 건조하게 만든다. 그러면 피부가 예민한 상태로 바뀐다.

열이 섭씨 1도 오르면 피지 분비량이 10% 증가한다. 여름철에 여드름이 많이 발생하는 원인이다. 뜨거운 열이 피지선을 자극해서 피지 분비량을 늘리면 세균이 살기 좋은 환경이 만들어진다. 열은 콜라겐이나 엘라스틴 같은 탄력섬유를 분해하는 효소를 늘려

주름을 만들고 탄력을 떨어뜨린다. 또한 사이토카인 같은 염증 물질을 많이 발생시켜 피부에 염증을 일으킨다.

체열 불균형도 얼굴 노화의 주범이다. 차가운 기운은 올라가고 뜨거운 기운은 내려가야 건강을 유지할 수 있다. 수승화강水昇火降의 원리다. 현대인은 만성피로 때문에 수승화강의 원리가 깨져 사지말단 부위는 차갑고, 머리와 열이 얼굴로 오르는 사람이 많다. 이런 사람은 손발이 차갑고 작은 흥분이나 긴장에도 얼굴로 열이 올라간다. 작은 기온 변화에도 얼굴에 열이 오른다. 스트레스가 많고 책상에 장시간 앉아서 하는 업무가 많다 보니 생기는 현상이다.

수승화강 회복에는 족욕이나 유산소 운동이 좋다. 발, 복부, 두피 관리로 순환을 원활하게 하는 방법도 좋다. 족욕 후 양말을 신고 자기, 복부에 따뜻한 찜 팩 올려놓기, 빗이나 손가락으로 두피 자극해주기 같은 방법으로 사지말단 부위의 혈액 순환을 원활하게 할 수 있다.

곳곳에 열 노화를 일으키는 원인도 피해야 한다. 사우나나 찜질방같이 뜨거운 곳은 열 노화를 만들기 쉽다. 피로를 풀어주지만, 피부를 위해서는 조절이 필요하다. 헤어드라이어의 높은 열은 100도가 넘는다. 피부뿐 아니라 머리카락도 열을 싫어한다. 젖은 머리카락은 말라 있을 때보다 훨씬 약하다. 헤어드라이어의 뜨거운 바람은 최소한으로 사용한다.

스마트폰이나 컴퓨터의 열도 무시할 수 없다. 스마트폰 온도 변화를 측정하는 프로그램이 있었다. 스마트폰의 온도가 30분 후에 42도까지 올라갔다. 스마트폰을 보는 사람의 피부 온도도 42도까지 따라 올라갔다. 따라서 스마트폰을 오랫동안 본 사람들은 중간중간 얼굴 열을 식혀주는 게 좋다. 스트레칭도 도움이 되고, 약간 차가운 물로 세안을 해주는 방법도 있다. 스트레스도 열을 만들어 피부를 망가뜨린다.

## 피부노화의 급급행열차 자외선

광 노화를 일으키는 자외선은 외인성 노화의 대표주자다. 노화의 급행열차에서 내리고 싶다면 자외선의 메커니즘부터 알아야 한다. 무지개 일곱 빛깔 빨주노초파남보는 눈으로 볼 수 있는 가시광선이다. 눈으로 보지 못하는 빛깔은 보라색 밖에 있는 자외선과 빨간색 밖에 있는 적외선이다. 식당이나 병원에서 쓰는 소독기 안의 파란색 빛을 본 적이 있을 것이다. 이게 자외선을 이용한 것이다. 자외선은 살균 소독 작용을 하고 인체에서 비타민D를 합성한다. 적외선은 열을 방출하는 열선으로, 미용기기에도 사용한다.

빛은 파동하는 성질이 있다. 보라색에서 빨간색으로 갈수록 파동이 커진다. 골부터 골까지를 파장이라고 하는데, 보라색은 파장이 짧고 빨간색으로 갈수록 파장이 길다. 파장이 짧으면 에너지는 커지고, 파장이 길면 에너지는 작아진다. 에너지가 클수록 피부에 위험하다.

**<그림3-3> 빛의 파장**

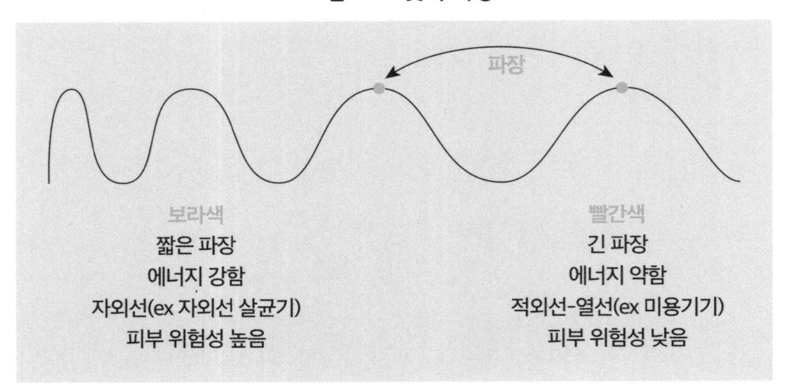


자외선은 어딘가에 닿아서 흡수되면 에너지가 떨어지면서 파장이 긴 적외선으로 방출된다. 적외선은 열선이므로 열이 난다. 자외선은 열을 받으면 산소가 쪼개지는데 각각의 산소는 결합하고 싶어서 반응성이 커진다. 이렇게 반응성이 큰 산소는 활성산소가 되는데, 세포나 조직을 파괴하는 주범이 되며 광 노화를 일으키는 원인이 된다. 즉, 자외선이 피부에 닿으면 적외선으로 방출되면서 열을 발생하고, 산소가 쪼개지면서 활성산소가 되어서 세포를 파괴하고 광 노화가 일어나는 것이다.

에너지가 크면 피부의 위험성이 커진다. 자외선은 UVC, UVB, UVA가 있는데, UVC의 에너지가 가장 큰 만큼 위험도도 가장 높다. 아래에서 자외선의 종류와 특성을 살펴보자.

**자외선 종류와 특징**

| UV | UVC | UVB | UVA |
|---|---|---|---|
| 에너지(위험도) | 가장 강함 | 보통 | 가장 약함 |
| 파장(길이) | 200~290nm<br>(오존층 흡수) | 290~320nm<br>(표피 도달) | 320~400nm<br>(진피 도달) |

태양광에서 여러 가지 광선이 내려올 때 UVC, UVB, UVA도 내려온다. UVC는 매우 위험하지만 다행히 오존층에서 대부분 흡수되어 산란하고 다른 전파로 방출된다. UVB는 오존층에서 어느 정도 흡수되지만 그래도 뚫고 나오는 양이 있다. UVB는 표피 부분에서 흡수된다. UVA는 오존층에서 거의 흡수되지 않고 피부의 진피까지 도달해서 흡수된다. 자외선이 흡수되는 위치가 다른 건 에너지 차이 때문이다.

UVC는 에너지가 크기 때문에 피부에 닿기도 전에 오존층에서 광화학작용이 일어난다. UVB도 90~95 %는 오존층에서 흡수되지만 뚫고 나오는 양이 있다. UVB는 진피까지 가지 못하고 표피에서 반응해버린다. UVB는 표피에 있는 세포를 괴사시키고, 새롭게 파장이 긴 적외선으로 방출된다. 이때 열에너지를 발생하여 화상이나 홍반을 일으키기도 하는데 심하면 피부암의 위험도 있다. 에너지가 크기 때문이다. 해수욕장을 다녀오면 온몸이 벌겋게 익는다. 강한 UVB가 피부에 도달해서 열로 방출됐기 때문에 생긴 화상이다.

광 노화는 열을 발생하여 열 노화를 만든다. UVA는 더 깊이 들어간다. 에너지가 작기 때문이다. 하지만 UVA도 자외선이라 자극이 있다. 진피에서 콜라겐, 엘라스틴, 세포 기질을 파괴하여 주름이 생기고 탄력이 감소하는 광 노화 현상이 일어난다. 세포 기질만 파괴하는 게 아니라 기저층에서 멜라닌 형성 세포를 자극한다. 이때 멜라닌이 만들어지고, 멜라닌은 자외선을 흡수하여 우산 같은 역할을 한다. 멜라닌은 기미나 주근깨가 된다.

자외선은 특정 물질에 닿았을 때 광화학작용이 일어난다. 새로운 광선으로 방출되고 피부에서는 전자가 이동하는 물질 반응을 하는데, 이 반응을 피부 대신 피부 위에 도포된 자외선 흡수제가 대신한다. 자외선을 흡수해서 다시 방출해 주고 열에너지를 발생하는 것이다. 자외선 차단제는 멜라닌 역할을 대신하여 자외선이 피부에 닿는 걸 막아준다. 광 노화를 예방하는 필수품이다.

## 자외선 차단제 고르는 법

자외선 차단제는 무기성 자외선 차단제, 유기성 자외선 차단제, 혼합성 자외선 차단제가 있다. 무기성 자외선 차단제는 물리적 차단제로 무기화합물 성분이 막을 형성하여 자외선을 반사하는 방법으로 피부를 보호한다. 돌가루로 자외선을 반사하는 원리라고 생각하면 된다. 민감한 피부, 아토피 피부, 자외선 차단제 사용 후 트러블이 발생한 피부는 무기성 자외선 차단제를 바르면 좋다. 눈 시림 현상도 없고 자극이 적어서 예민한 피부에 사용해도 안전하다. 가볍게 피부 톤을 올리는 역할도 한다.

그러나 발림성이 좋지 않고 뻑뻑하며 두껍게 발라야 효과가 있다. 이중 세안을 해야 하는 단점도 있다. 돌가루라 시간이 지날수록 건조해지기도 한다. 두텁고 허옇게 보여 일상생활에서는 보기 좋지 않지만, 해수욕장이나 자외선이 강한 곳에서는 무기성 자외선 차단제를 추천한다. 티타늄디옥사이드와 징크옥사이드 성분이 있다. 이 두 가지 성분은 외워두고 차단제 성분표를 확인하면 좋다.

유기성 자외선 차단제는 화학성분이 자외선을 흡수해서 열로 방출하는 방식으로 피부를 보호한다. 유기성 자외선 차단제를 바르면 작열, 열감이 난다는 얘기를 들어본 적이 있을 것이다. 자외선을 흡수해서 열로 방출하는 과정에서 생기는 화학작용 때문이다.

열이 피부노화에 영향을 끼칠 가능성도 있다.

유기성 자외선 차단제는 화학성분으로 민감성 피부에는 트러블을 유발하기도 한다. 내분비계를 교란할 우려가 있고, 눈 시림 현상을 일으킬 가능성도 있다. 차단제를 발랐더니 눈 시림, 홍조, 트러블이 생긴다면 유기성 자외선 차단제 사용을 멈춰야 한다. 반면 발림성이 좋고 백탁현상이 없어 피부에는 흡수가 잘 된다. 에칠헥실메톡시신나메이트, 에칠헥실살리실레이트, 호모살레이트 성분이 있다.

혼합성 자외선 차단제는 무기성 자외선 단제차와 유기성 자외선 차단제의 단점을 보완하기 위해 나온 것이다. 무기성 자외선 차단제의 백탁현상과 뻑뻑함을 막아주고, 유기성 자외선 차단제의 눈 시림이나 피부 자극을 줄여준다. 요즘은 혼합성 자외선 차단제를 가장 많이 사용한다. 자외선 차단제는 자신과 잘 맞는 제품을 골라서 사용해야 한다. 크림형, 에센스형, 토너형, 스틱형 등 다양한 종류가 있으니 장소나 피부 상태에 따라 구별하여 발라야 한다.

바닷가에서 자외선 차단제를 사용할 때 옥시벤존, 옥티녹노세이트는 피해서 사용해야 한다. 바다 생태계에 나쁜 영향을 끼치는 성분이기 때문이다. 해수욕장처럼 햇빛이 강하고 발림성에 크게 영향을 받지 않는 장소에서는 무기성 자외선 차단제를 추천한다.

## SPF와 PA 보는 방법

자외선 차단제는 필수다. 자외선 차단제가 얼마나 중요한지 모르는 사람은 세안하기 귀찮다거나, 얼굴이 답답하다거나, 잠깐 안 바르면 어떠냐며 바르지 않는 경우가 많다. 자외선 차단제의 필요성을 아는 사람조차 어느 정도 양을 얼마나 자주 발라야 하는지 잘 모른다.

**자외선 차단지수**

| 자외선 차단지수: SPF (UVB) | 자외선 차단지수: PA (UVA) |
|---|---|
| 자외선 차단제 바르고 최소 홍반량 | 자외선 차단제 바르고 얻은 최소 지속형 즉시 흑화량 |
| 자외선 차단제 바르지 않고 최소 홍반량 | 자외선 차단제 바르지 않고 얻은 최소 지속형 즉시 흑화량 |

SPF는 UVB 차단 지속시간을 표시한 지수고, PA는 UVA 차단 정도를 표시한 기호다. SPF는 피부가 붉어지는 정도로 화상을 생각하면 되고, PA는 피부가 검어지는 정도로 기미를 생각하면 된다. UVB는 표피에서 흡수된다. 해수욕장에 갔을 때 화상을 입었다면 UVB가 일으킨 자극이다. SPF는 차단력이 아닌 차단시간을 나타낸다. 자외선 차단제를 바르지 않았을 때 피부가 처음 붉어지는 시간이 15분이다. SPF 1의 차단 지속시간을 15분으로 생각하면 이해하

기 쉽다. SPF 30이라면 차단 지속시간은 약 7시간 이상이다. SPF 50은 약 12시간 이상 유지된다. SPF 50만 발라도 12시간을 차단하기 때문에 UVB 값은 더는 필요 없어 그 이상 되는 시간을 50+라고 표기한다.

SPF가 높으면 무조건 좋은 제품이라고 생각할 수도 있는데, SPF가 높아지면 자외선 차단 성분의 함량이 높아져 피부에 무리가 갈 수 있다. 장소나 상황에 맞게 적절하게 쓰는 게 좋다. 메이크업을 하는 경우 비비나 쿠션 제품에도 자외선 차단 기능이 있어서 SPF의 지수가 조금 낮아도 메이크업으로 높일 수 있다. 하지만 비비나 쿠션만으로 자외선을 완전히 차단하지 못하므로 자외선 차단제를 충분히 사용해야 한다.

**PA 차단등급**

| 자외선 차단등급(PA) | 자외선 차단지수(PFA) | 자외선 차단효과 |
|---|---|---|
| PA+ | 2이상 4미만 | 낮음 |
| PA++ | 4이상 8미만 | 보통 |
| PA+++ | 8이상 16미만 | 높음 |
| PA++++ | 16이상 | 매우 높음 |

PA는 색소침착과 주름 노화를 일으키는 UVA 차단지수다. UVA는 파장이 길어서 유리창도 뚫고 들어와 영향을 미치는데, 진피층

까지 도달해서 색소침착이나 트러블을 유발한다. 노화 광선이라고 부를 정도로 노화의 주범이다. 실내에서도 자외선 차단제를 꼭 발라야 하는 이유다. 눈에도 치명적이기 때문에 자외선을 많이 받는 곳에서는 반드시 선글라스를 착용해야 한다. 화상 걱정은 없지만 색소침착을 일으킨다. +가 많을수록 차단 효과가 좋다. UVB가 홍반량이라면 UVA는 검어지는 양이다. 2016년까지는 PA+++만 있었는데 2017년부터 PA++++까지 나왔다.

실내생활이나 간단한 야외활동은 SPF 15~30/PA+ 또는 PA++를 선택하는 게 좋다. 등산, 해수욕장 같은 야외활동으로 강한 자외선에 노출될 때는 SPF 50/PA+++ 또는 PA+++++ 제품을 선택하면 좋다.

자외선 차단제 사용량의 문제도 많다. 사람들은 보통 자외선를 권장량보다 훨씬 적게 사용한다. 남성 얼굴 기준 900밀리그램, 여성 얼굴 기준 800밀리그램 정도 바를 것을 권한다. 약 500원짜리 동전만 한 크기다. 하지만 실제 사용량은 세계보건기구 권장량의 약 1/5~1/4밖에 되지 않는다. 적게 바르기 때문에 얼룩덜룩하게 발라서 얼굴 전체를 도포 하지 못한다. 아예 한 번 더 덧발라서 얼굴을 완전히 도포하는 게 좋다. 2시간에 한 번씩 덧발라서 차단 역할을 온종일 지속할 수 있도록 해줘야 한다. 귀 뒤쪽도 꼭 발라야 한다.

골프장이나 바닷가에서 자외선을 많이 받은 사람을 보면 얼굴에서 귀만 까맣다. 귀 뒤쪽, 손등, 목 뒷부분까지 간과해서는 안 된다. 존경하는 교수 한 분이 있는데 손등에 꾸준히 자외선 차단제를 바른다. 60세가 넘은 남자분이신데도 젊은 사람 손처럼 곱다. 코로나로 인해 자주 손 씻기를 하다 보면 손에 바른 자외선 차단제가 지워져서 덧바르기 쉽지 않겠지만, 수시로 덧바른다. 스스로 노력하는 방법이 최선인 듯하다.

**<마크뷰 진단기의 UV광을 통해서 분석한 사진>**

<사진 A>자외선 차단제 1회 도포

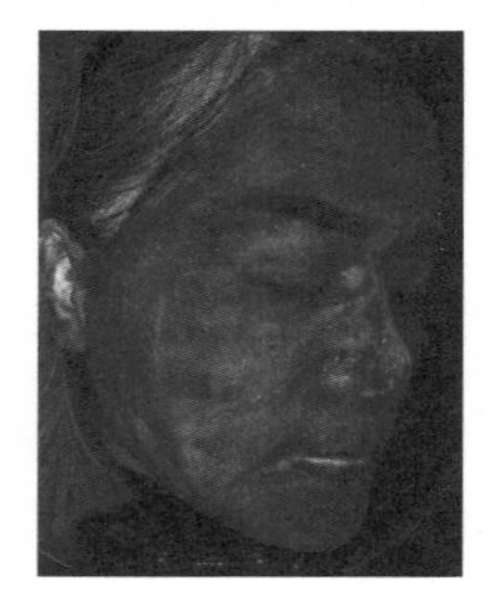

<사진A-1> 도포 후 2시간 지난 모습

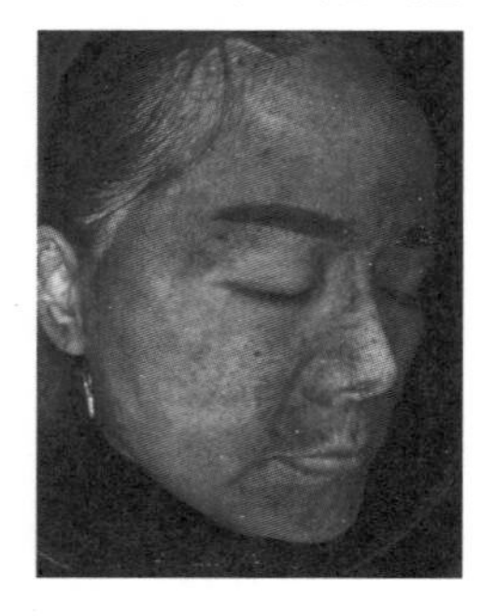

<사진B> 자외선 차단제 2회 도포

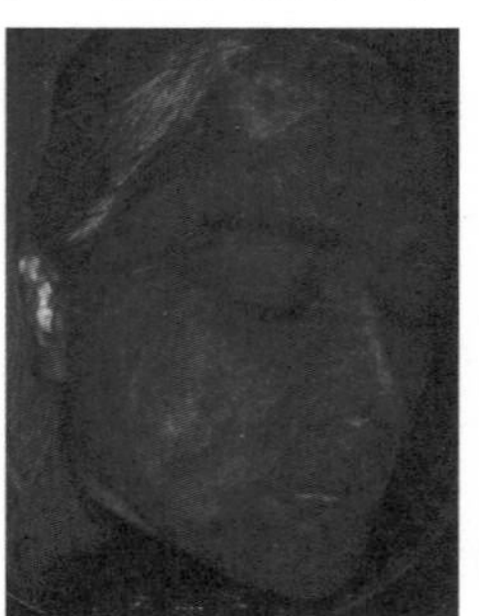

<사진B-1>도포 후 2시간 지난 모습

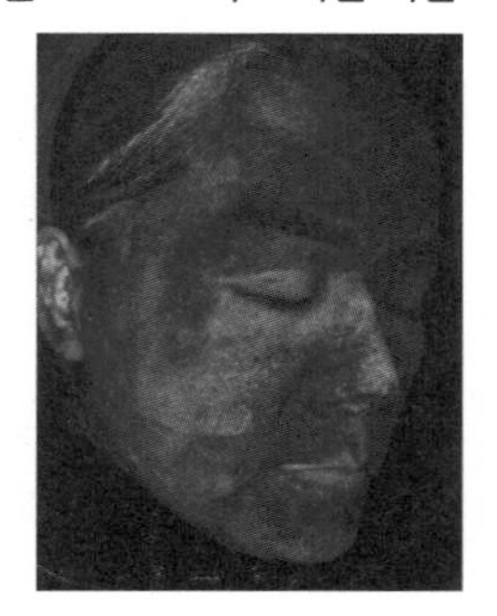

UV광으로 사진을 찍었을 때, 자외선 차단제를 잘 바르면 검게 피부를 보호해주고, 잘 바르지 않으면 밝은 색이 나온다. <사진A>는 자외선 차단제 1회 도포 직후 모습이고, <사진A-1>는 1회 도포 후 2시간 지난 모습이다. <사진B>는 자외선 차단제 2회 도포 직후 모습이고, <사진B-1>는 2회 도포 후 2시간이 지난 모습이다.

<사진A-1>이 보여주듯 1회 도포 후 2시간도 되지 않았는데 자외선 차단제가 거의 남아 있지 않았다. 1회 도포를 사용권장량의 약 1/4 정도 발랐는데 얼굴이 무겁거나 불편하지 않았다. 발림성 좋은 혼합성 자외선 차단제를 썼는데도 2회 도포 시에는 얼굴이 좀 무거운 느낌이 나는 듯했다. <사진B-1>처럼 2회 도포 후 2시간 후를 보면 차단제가 확실히 차단 역할을 잘한다는 사실을 알 수 있다.

세계보건기구는 2시간에 한 번씩 자외선 차단제를 덧바르라고 권고한다. 얼굴을 만지거나 마스크에 밀리면 차단 역할을 제대로 하지 못한다. 피지 분비로 희석되기도 한다. 자외선 차단제는 바른 이후 차단 역할이 계속 떨어진다고 생각해야 한다. 이 분석을 보면 우리가 왜 적정량의 자외선 차단제를 수시로 덧발라야 하는지 알 수 있다.

### 늘어진 모공 관리

나이가 들수록, 특히 30대에 들어서면 젊었을 때 둥글었던 모공이 가늘고 길게 늘어진다. 피부노화에 따른 자연스러운 현상이지만 관리를 어떻게 하느냐에 따라 충분히 막을 수 있다. 가장 좋은 모공의 형태는 잘 보이지 않는 것이다. 피부에 탄력이 충분하면 모공은 수축하여 잘 보이지 않는다.

그러나 나이가 들어 피부 탄력이 떨어지면 얼굴 근육이 아래로 처진다. 이때 모공을 수축하던 힘이 사라지며 모공이 늘어지고 입구가 벌어진다. 모공이 늘어지는 가장 큰 원인은 피부 탄력 저하다. 물론 이런 현상이 하루아침에 생기는 것은 아니다. 나이가 들수록 서서히 드러나기 때문에 눈치를 채지 못하다 어느 날 갑자기 모공 문제를 깨닫는데 보통 35세 전후다. 모공이 늘어지는 원인은 크게 세 가지다.

첫 번째는 콜라겐과 엘라스틴 감소 현상 때문이다. 가장 큰 원인은 앞에서 언급했듯이 자외선이다. 자외선은 피부에 탄력을 유지해주는 콜라겐과 엘라스틴을 녹일 뿐 아니라 콜라겐 합성을 방해한다. 이런 이유로 모공을 수축하는 탄력도 떨어지는 것이다.

두 번째는 근육 감소와 쇠약 현상 때문이다. 근육은 20대 중반 이후부터 1년에 1% 정도 감소한다. 근육 감소와 쇠약 현상으로 얼굴을 탱탱하게 유지하던 탄력이 떨어지며 처짐 현상이 심해진다.

세 번째 는 수분 부족 현상 때문이다. 피부가 촉촉할 때는 보이지 않던 모공이 피부가 건조하면 주름이 늘면서 많이 보이게 된다.

결국 늘어진 모공을 해결하려면 이 세 가지 원인을 제거해야 한다. 첫 번째 원인을 제거하려면 자외선을 피하고, 콜라겐 합성에 필요한 조치를 취하면 된다. 이 방법은 앞에서 자세히 다뤘으므로 여기서는 생략한다. 두 번째 원인을 제거하려면 얼굴 근육 운동이 좋다. 뒤에서 다룰 '탄력 있는 얼굴을 만드는 스트레칭'을 잘 익히면 된다. 세 번째 원인은 충분한 보습으로 제거할 수 있다.

늘어진 모공을 다시 수축하는 방법은 자외선 차단, 항산화 제품

활용, 진피층 콜라겐과 엘라스틴 관리, 보습 관리로 정리할 수 있다. 특히 흡연은 피부에 최악이다. 담배가 피부에 나쁜 이유는 활성산소를 대량으로 만들어내기 때문이다. 활성산소는 콜라겐과 엘라스틴을 파괴하여 피부 탄력을 떨어뜨린다. 피부 문제는 한 가지 원인 때문이 아니다. 여러 가지 원인이 복합적으로 작용하고, 한 가지 문제가 다른 문제를 만들어 내기 때문에 좋은 인상과 아름다운 얼굴을 만들려면 어느 것 하나 소홀히 해서는 안 된다.

### 문제해결 사례

늘어진 모공 안에 화장품이 덕지덕지 끼어요. 모공도 분화구처럼 커요. (40대 주부, 공새봄)

**공새봄 씨는 아이들을 키우느라 피부 관리에 신경을 쓰지 못하고 살았다. 애들 때문에 화장도 거의 하지 않았다. 그러던 어느 날 오랜만에 화장을 했더니 얼굴에 화장품이 짙게 끼어 있었다. 거울을 보니 모공이 분화구처럼 파여 있었다. 그 뒤로는 늘어진 모공만 보였다.**

모공이 커지고 늘어지는 이유는 피부노화 때문이다. 모공 벽을 이루는 탄력섬유의 탄력이 떨어지며 모공을 수축하는 힘이 약해지고 늘어지기 때문이다. 또 다른 이유는 각질로 인해 모공이 막히거나 모공 속에 피지가 많이 쌓여서 커지는 경우다. T존 부위는 피지 분비량이 많아서 모공이 커지는 경우가 많고 나비 존이라고 하는 볼은 탄력이 없어서 늘어지는 경우가 많다.

모공은 한번 커지면 여간해서는 원상태로 가기 어렵다. 커지지 않도록 예방하는 게 최선이다. 공새봄 씨는 얼굴에 열이 많아서 항상 얼굴이 뜨거웠다. 자외선 차단제도 바르지 않고 다녔다고 한다. 열 노화와 광 노화는 진피 속 탄력섬유인 엘라스틴을 파괴한다. 노화로 인해 점차 탄력이 떨어진 것도 한몫했다. 이런 소소한 습관들이 모여서 모공이 탄력을 잃었다.

공새봄 씨는 문제 해결책으로 다음과 같이 관리했다.

① 여드름을 유발하거나 모공을 막을 수 있는 화장품 사용을 줄인다.

② 밤새 바른 화장품과 피지 등이 뒤엉키면 모공을 막을 수 있다. 세안제로 이런 노폐물을 제거해준다.

③ 미온수로 세안 후 차가운 물로 마무리한다.

④ 주 1회 각질을 제거하고,, 지용성 각질 제거제를 사용한다.

⑤ 얼굴에 열이 날 때는 열을 내리는 데 집중한다. 족욕을 하거나 복부에 찜팩을 사용하여 혈액 순환을 도와 얼굴의 열이 몸으로 내려가게 한다. 얼굴의 열을 직접적으로 내릴 수 있도록 해열 진정팩을 2~3일에 한 번씩 하고, 열에 의해 빼앗긴 수분 보습도 빼놓지 않았다. 특히 자외선 차단제는 2시간에 한 번씩 덧바른다.

관리실에서는 탄력을 높여주는 특수 관리를 별도로 진행했다. 그 결과 얼굴 전체 탄력도 좋아지고 큰 모공의 수도 현저하게 줄고, 피부 표면도 매끈해졌다. 이제 화장품이 모공 속에 끼는 것도 줄고 만족도도 매우 높다고 한다. 한 번 커진 모공은 쉽게 작아지지 않는다. 비용도 많이 들고 내가 원하는 만큼 100% 효과를 보기도 어렵다. 커지지 않게 미리미리 관리하는 게 중요하다.

## 모공 속 블랙헤드 퇴출법

코는 인상에서 에너지와 재물을 뜻한다. 뼈대가 굵고 뚜렷하면 에너지가 강하고 재물 복이 따른다. 윤기 있고 매끈한 예쁜 코를 원하면 블랙헤드부터 해결해야 한다. 피지가 많은 사람은 대부분 블랙헤드가 고민이다. 특히 코에 박힌 블랙헤드는 딸기코를 연상케 한다.

나도 피지가 워낙 많은 타입이라 학창 시절에 코에 박힌 블랙헤드만 보면 스트레스가 쌓였다. 고등학교 때 친구와 함께 달걀흰자 거품으로 팩을 한 적이 있다. 나는 유분이 많은 유형이라 피지가 쏙 빠져나와 후련했는데 친구는 건조한 피부라 살점이 떨어져서 상처가 났다. 피지가 많은 나는 보기 싫은 피지를 짜내는 게 일이었고, 피지가 빠지고 나면 시원했다. 사후 관리 방법을 잘 모르다 보니 피지를 빼고 나면 방치를 해서 딸기코가 되곤 했다.

피부에 강한 자극을 반복하면 피부는 딱딱하게 변한다. 세포가 분열해서 새로운 세포를 만들 때 조직이 치밀하게 올라오다 보니 경화 조직이 되는 것이다. 집에서 혼자 여드름을 짜서 피부가 딱딱해진 경험이 있을 것이다. 코도 마찬가지다. 손에 강한 압력을 주어 블랙헤드를 빼면 경화 조직이 생겨서 딱딱해진다. 코가 두껍고 딱딱하며 블랙헤드가 가득 차 있는 모습을 상상해 보라. 생각만 해도 싫다.

블랙헤드가 있는 사람들의 고민은 크게 네 가지다. 첫째, 제거해야 할 것인가, 말아야 할 것인가? 둘째, 피지 제거 후 생긴 분화구는 어떻게 할 것인가? 셋째, 제거했더니 또 생기는데 어떻게 해야 할까? 넷째, 더 생기지 않게 하려면 어떻게 해야 할까? 이 네 가지 고민에 대한 해결책을 하나하나 알아보자.

첫째, 제거해야 할 것인가, 말아야 할 것인가? 제거하는 게 좋다. 모공 안에 피지가 쌓이면 딱딱하게 자리를 잡고 커지면서 모공이 점차 넓어진다. 딱딱해진 피지를 녹여서 밖으로 배출하는 방법을 추천한다. 코를 따뜻하게 불려서 녹은 피지를 가볍게 면봉이나 코메도로 꺼낸다. 피지가 딱딱해지면 압력을 가해도 쉽게 밖으로 나오지 않는다. 집에서 피지를 녹여서 꺼내다 보면 열을 잘못 가하거나 강한 압력을 주게 되므로 전문가에게 맡겨야 안전하다.

코 팩처럼 블랙헤드를 흡착해서 모공 속을 한꺼번에 비우는 방법이 있는데, 이건 내가 고등학교 때 달걀흰자로 하던 방법이다. 이 방법은 블랙헤드와 함께 주변 조직까지 제거되기도 한다. 피부 자극으로 오히려 피부가 예민해지므로 건조한 피부는 조심하는 게 좋다. 피지 배출은 전문가에게 맡기고 사후관리는 집에서 하는 방법을 추천한다. 집에서는 머드 형식의 팩을 이용하여 15~20분 정도 흡착해서 피지 양을 줄여준다. 피부 유형에 따라 일주일에 한두 번 하는 게 좋다.

둘째, 피지 제거 후 생긴 분화구는 어떻게 할 것인가? 이미 탄력을 잃고 늘어난 모공은 블랙헤드가 빠져도 줄지 않지만, 블랙헤드 때문에 풍선처럼 커진 분화구는 블랙헤드가 빠진 만큼 줄어든다. 분화구를 그대로 두면 피지가 다시 쌓인다. 인체는 항상성이 있어서 있던 게 없어지면 다시 채우려는 성질이 있기 때문이다. 피지를 제거하면 바로 모공 축소 팩을 해주고 팩 제거 후 모공 속을 수분 크림으로 채워준다.

셋째, 제거했더니 또 생기는데 어떻게 해야 할까? 피지는 계속 생긴다. 가스렌지 후드에 생긴 때를 상상해보라. 기름때로 얼룩덜룩한 후드를 깨끗하게 닦아도 음식을 하고 나면 다시 조금씩 기름때가 쌓이기 시작한다. 한 번도 닦지 않고 계속 사용하면 지저분한 기름때가 눌러붙지만, 닦으면서 사용하면 지저분한 기름때가 눌러붙지 않아 사용하기에 편하다. 청소하지 않으면 더 더러워지고 치우기도 힘들 듯이 블랙헤드도 마찬가지다. 관리실에서 피지를 제거했다면 집에서 피지 조절 팩을 사용하면 좋다. 주 1~2회 피지를 흡착해주면 피지 조절에 도움이 된다.

넷째, 더 생기지 않게 하려면 어떻게 해야 할까? 수분을 공급해주면서 피지를 조절하는 제품을 사용해야 한다. 피지가 절대 나쁜 것만은 아니다. 피지는 피부의 수분량을 유지하고, 강력한 항균작용도 한다. 피지는 어쩔 수 없이 계속 생기므로 스트레스 받지 말고 피지를 제대로 이해하면 대처하기 쉽다.

### 문제해결 사례

블랙헤드를 짜다가 딸기코가 됐어요. (20대 대학생 남성, 김준호)

**블랙헤드와 모공은 피지가 많은 사람의 공통된 고민이다. 피지 분비량이 많으면 블랙헤드가 코에 가득 쌓인다. 블랙헤드가 쌓이면 모공이 커진다. 김준호 씨 코는 딸기 씨앗 같은 시커먼 블랙헤드가 가득 끼어 있었다. 박힌 블랙헤드가 보기 싫어서 손으로 짜는 습관이 있었다. 그러다 보니 코의 조직이 딱딱해지고 딸기코처럼 붉을 때가 많았다. 코 팩을 자주 사용했는데 처음엔 시원했지만, 분화구처럼 구멍이 더 생기고 모공은 더 커졌으며,**

**다음날이면 또 피지가 쌓였다. 블랙헤드와 모공을 해결하고 싶어 했다.**

김준호 씨에게 주 1회 방문하도록 하여 모공을 비워주는 관리와 각질 제거를 했다. 피지가 많을 때는 피지를 제거하여 모공 속을 비우는 게 첫 단계다. 과다한 피지 분비로 인해 모공 속에 정말 많은 피지가 깊게 박혀 있었다. 피지를 제거하면 모공이 분화구를 이룰 만큼 커진다. 피지를 제거한 모공을 그대로 두면 항상성으로 인해 이른 시간 안에 피지를 다시 채우려고 한다. 모공 축소 팩으로 넓어진 모공을 닫아주고 피지가 있던 모공을 수분으로 채워줬다.

각질 관리는 관리실에서 진행하므로 따로 홈 케어 처방은 하지 않았다. 피지 조절을 위해 피지 흡착 팩을 주 2회 사용하게 했다. 세안은 자극없는 세안제로 아침저녁 깨끗하게 닦아주고, 유분을 정리해주는 토너를 사용했다. 자외선 차단제를 무거운 크림 형태에서 가벼운 에센스 유형으로 바꿔주었다. 여드름을 유발하거나 모공을 막는 제품보다는 가벼운 타입으로 사용하게 했다.

가장 중요한 건 집에서 손으로 짜지 않는 것이다. 손으로 자주 짜서 딱딱하던 코가 이젠 제법 부드러워졌다. 예전처럼 딱딱하고 깊은 블랙헤드는 없어졌으며, 피지 분비량도 현저하게 줄었다. 과각질을 제거함으로 피부 표면도 매끄러워졌다. 여드름까지 줄어, 블랙헤드 뿐만 아니라 얼굴 전체의 톤이 밝아지고 요철이 없어지고 깨끗해졌다.

## 생리 전 여드름 관리

나는 지성피부다 보니 초등학교 때부터 여드름이 났다. 여드름에 관심이 많아 온갖 여드름 제품을 사용해 봤다. 처음 관리실을 운영할 때는 여드름 제품만 들여놓은 적도 있다. 그만큼 여드름에 관심이 많았다. 여드름은 조금만 상식이 있어도 얼굴에 흉터를 남기지 않을뿐더러 덜 생기게 할 수 있다. 여드름은 나이가 들면 없어지지만 한번 생긴 흉터는 쉽게 지워지지 않는다. 뒤늦게 흉터 관리를 해도 100% 회복하기는 쉽지 않다. 흉터를 만들지 않는 게 중요하다.

여드름을 제대로 알아야 흉터를 남기지 않는다. 흉터가 있는 사람들에게 물어보면 엄마가 열심히 짜줘서 생겼다고 말하는 사람이 적지 않다. 여드름은 유전이다 보니 부모 세대가 여드름으로 고생했으면 자녀들도 여드름이 날 확률이 높다. 부모 세대가 여드름을 잘 알면 자녀 얼굴에 흉터를 남기지 않는다. 내가 올바른 여드름 관리 방법을 전하고 싶은 이유는 본인뿐 아니라 미래 자녀들의 여드름까지 생각하기 때문이다. 설명 필요 없이 여드름 관리만 해주고 끝낼 수도 있다. 하지만 여드름만큼은 고객과 전문가와 함께 노력해야 좋은 효과를 본다.

생리 전에는 호르몬 영향으로 피지와 각질이 늘어난다. 그러다 보니 생리할 때가 되면 여드름이 나기 시작한다. 생리가 끝나고 5~7일 후부터 각질 관리와 피지 제거를 해주면 좋다. 이 시기에는 피부 상태에 따라 약초 필링이나 화학적 필링도 효과가 좋다. 프로게스테론이 나오기 전에 미리 각질과 피지를 제거하면 최악의 상태는 피할 수 있다.

### 문제해결 사례

생리 전 여드름 때문에 스트레스 받아요. (20대 직장 여성 최은영)

**최은영 씨는 생리 전만 되면 여드름이 심해진다. 생리가 끝나면 좀 좋아지나 싶다가도 생리 일주일 전이면 어김없이 여드름이 나기 시작하는데 여간 스트레스 받는 게 아니다. 보기 싫어서 혼자 압출하다 보니 착색되고 얼굴이 얼룩덜룩해졌다.**

여성의 생리 주기에 매우 중요한 작용을 하는 성호르몬인 프로게스테론의 분비는 각질과 피지 생성을 높인다. 늘어난 피지와 각질은 여드름을 유발한다. 최은영 씨는 생리 일주일 전부터 여드름이 나기 시작했다. 여드름이 나기 10일 전, 즉 생리하기 약 17일 전부터 피지 조절과 각질 제거를 통해 미리 선행해서 여드름 관리를 시작하게 했다. 17일 전이면 에스트로겐이 나오는 시기라 피부 상태가 최고인 시점이다. 이때는 여드름 관리를 시작할 생각조차 못하는 시기다. 그러나 이때부터 선행관리를 하면, 프로게스테론이 나오는 시점이 돼도 각질과 피지의 조절로 여드름 발생이 줄어든다.

최은영 씨는 일주일 전만 되면 심해지던 여드름이 이제 거의 올라오지 않을뿐더러 기존 여드름도 현저히 줄었다. 늘 스스로 압출하던 습관을 고치면서 지금은 얼룩덜룩한 착색도 거의 남아 있지 않다.

## 하얗게 들뜬 각질 관리

각질이 일어나면 화장도 들뜬다. 각질을 제거해도 생긴다며 수시로 제거하는 사람이 많다. 관리실을 찾는 고객 중에도 필링을 받아야겠다고 방문하는 경우가 있다. 각질이 너무 많이 생겨 집에서 잘 안 되니 관리실에서 아예 벗겨 달라고 주문한다. 이런 경우 50% 이상은 벗겨야 하는 피부가 아니라 붙여야 하는 피부다. 잘못된 정보를 가지고 무작정 벗겨 달라면 가슴이 철렁한다.

만약 피부분석을 정확하게 하지 않고 고객이 벗겨 달라는 대로 벗겨주면 어떻게 될까 걱정이다. 생각보다 이런 사람이 꽤 많다는 게 문제다. 이런 사람은 피부 염증도 많이 생기고 피부가 간지럽거나 붉어지기도 한다. 우리 관리실에는 유난히 이런 사람이 많이 찾아온다. 대부분 세안을 강하게 하거나 각질 제거를 너무 잘해서 생기는 문제다. 각질은 제거하고 나면 일시적으로 깨끗해 보이지만 피부는 계속 예민해진다.

눈에 보이는 하얗게 들뜬 각질은 벗겨내도 되는 각질이 아니라 무너진 피부 방어막인 경우가 많다. 각질이 건조하면 붙어 있지도 않고 떨어져 있지도 않은 덜렁덜렁한 상태가 된다. 이때 각질을 억지로 떼어내면 문제가 생긴다. 덜렁덜렁 붙어 있는 각질을 강제로 제거하면 수분이 증발하고 피부염이 생기기도 한다. 혹은 피부염 후에 재생되어 올라오면서 각화 주기가 빨라지다 보니 아직 덜 떨어진 각질일 수도 있다.

이런 경우, 보습 크림과 재생 크림으로 붙여줘야 한다. 수분을 넣어주면 촉촉해지며 들뜬 각질이 차분하게 가라앉는다. 수분을 공급해도 부족하면 유분이 들어간 크림으로 유분막을 한번 씌워주면 효과가 더 좋다. 건조한 피부라면 유보습 크림이 좋고 여드름 피부라면 보습 크림이 좋다. 새로 구매하지 않더라고 평소 바르는 화장품만 잘 발라도 괜찮다. 꼭꼭 붙여줘서 스스로 탈각하도록 만들어야 한다.

### 문제해결 사례

얼굴에 하얗게 각질이 들떠요. 화장도 안 먹고 건조해요. 가끔 간지럽기도 해요 각질 제거로 깨끗하게 제거해 줘도

효과가 없네요. (30대 예비 신부 김은미)

**김은미 씨는 결혼을 준비하기 위해 피부 관리를 받으러 찾아온 고객이다. 회사에서 냉난방을 너무 많이 틀다 보니 항상 피부가 건조하다고 했다. 출근하고 몇 시간이 채 지나지 않아 금방 건조해서 화장이 들뜬다고 했다. 그게 보기 싫어서 세안과 각질 관리에 특별히 신경을 많이 썼다. 세안도 깨끗하게 하고 각질 제거제도 종류별로 몇 가지를 구비해 놓았다.**

꽤 많은 고객이 김은미 씨처럼 각질이 들뜨면 각질 제거를 열심히 한다. 피부가 건조하면 각질이 들뜬다. 들떠 있는 각질은 떨어지지 않도록 지켜줘야 한다. 제거할 각질과 보호할 각질은 다르다.

각화 주기가 늦어져서 각질이 쌓이는 노화 피부는 주기적으로 각질 제거를 해줘야 새로운 세포를 만들어서 위로 올려 보내준다. 각질 탈각이 잘되지 않아 쌓여서 모공을 막는 지성피부나 여드름 피부도 적당한 각질 제거가 필요하다.

반면 김은미 씨처럼 하얗게 각질이 들뜨는 경우는 보습제로 잘 붙여줘야 한다. 억지로 떼어내면 피부는 더 건조해지고 피부를 보호해주는 기능이 떨어진다. 최대한 각질이 떨어지지 않도록 지켜주면 각질층이 차곡차곡 잘 덮여서 수분이 날아가는 현상을 막을 수 있다.

김은미 씨는 출산을 했는데도 처음 방문했을 때보다 피부가 좋아졌다. 결혼식 때도 피부 좋다는 칭찬을 많이 들었다고 한다. 첫 방문하고 일주일도 지나지 않았는데 눈에 띄게 피부가 좋아졌다. 김은미 씨는 관리실에서 알려준 대로 습관만 바꿔줬을 뿐인데 효과가 빨랐다.

김은미 씨에게 자극 없는 세안제로 가볍게 세안하고, 각질 제거 대신 세라미이드 성분이 들어 있는 보습제를 충분히 바르도록 했다. 냉난방으로 건조한 사무실에서는 뿌리는 보습제를 사용하고 밤에는 자극 없는 수분 팩을 사용하게 했다. 딱 일주일 뒤에 피부 진단을 해보니 피부 수화량이 높아졌다. 각질이 들뜨지 않아 화장이 잘 먹을 뿐만 아니라 피부도 건강해졌다.

## 안면 홍조 관리

안면 홍조는 혈관 속으로 흐르는 혈액량이 증가하며 모세혈관이 비정상적으로 확장되어 발생한다. 이러한 현상은 히스타민과 같이 혈관을 확장하는 물질이 분비되거나, 혈관 확장과 수축을 조절하는 자율신경 활성화의 영향으로 나타난다. 홍조현상이 주로 뺨에 나타나는 이유는 뺨 혈관이 비교적 굵고 피부의 표면과 가깝기 때문이다.

당황하거나 화가 나는 상황에서도 얼굴이 달아오른다. 운동 후, 사우나나 반신욕 후 체온이 올라가면 열을 발산하려고 혈관이 확장되면서도 홍조가 발생한다. 맵고 뜨거운 음식, 햄, 소시지 같은 가공식품, 캡사이신도 혈관을 확장한다. 음주는 알코올을 분해하는 과정에서 혈관을 확장하는 물질이 나오므로 홍조를 일으킨다. 혈압약이나 발기부전 치료제는 혈관을 확장하기 때문에 안면 홍조를 유발한다. 여성의 경우, 갱년기에 에스트로겐 분비량이 줄면서 열이 나고 혈관이 확장되기도 한다. 이 밖에도 홍조를 일으키는 요인은 다양하다. 홍조가 있으면 반복적인 열로 수분을 빼앗기기 때문에 피부가 많이 건조해진다.

안면 홍조는 치료보다 예방이 먼저다. 첫 번째 방법은 가벼운 세안이다. 자극 없는 세안제로 가볍게 세안하고, 아침에는 물 세안으로 자극을 줄여준다. 자극적인 음식을 피하고, 사우나나 찜질방 같은 뜨거운 장소는 최대한 자제하는 게 좋다. 자외선 차단제는 꼭 신경 써서 바른다.

두 번째 방법은 혈액 순환 개선이다. 인체는 차가운 기운은 올라가고 따뜻한 기운은 내려가야 좋다. 배와 발을 따뜻하게 만들어서 순환을 원활하게 하면 얼굴과 머리 열이 내려간다. 족욕을 매일 하면 좋다. 족욕 후에 수면 시에도 양말을 신어 발을 따뜻하게 한다. 복부 관리를 하거나 찜 팩을 복부에 20~30분가량 올려놓는다. 발과 복부가 따뜻해지는 것만으로도 열이 아래로 내려간다. 혈액 순환이 잘 되어 손끝 발끝까지 따뜻해지는 운동도 도움이 된다. 혈액순환이 잘 되면 홍조현상은 사라진다.

세 번째 방법은 얼굴 열을 직접 내려준다. 진정 팩을 주 2회 정도 한다. 해열을 해주는 성분이 들어간 제품을 사용하면 더욱 좋다. 두피 열을 내려주거나, 얼굴 열을 내리는 화장품 사용도 좋은 방법이다.

각질과 각질을 세포 간 지질은 시멘트처럼 붙여준다. 각질 위에는 다시 천연 피지 막을 씌워 세균과 수분 증발을 막는 보호막 역할을 한다. 홍조 때문에 반복적으로 열이 발생하면 피부 보호막이 탈각된다. 세안 후 토너O/W-물 속에 오일을 넣은 타입를 뿌렸더니 따가운 증상을 보였다면 보호막이 무너져서 수분조차 자극으로 느끼는 경우다. 천연 피지막은 오일W/O-오일 속에 물을 넣은 타입성분이다. 이럴 때는 따갑지 않을 때까지 약 1~2 주 정도 피지막과 가장 흡사한 천연 오일이나 크림만 바른다. 자외선 차단제를 꼼꼼하게 발라서 외부 공격을 차단한다.

### 문제해결 사례

얼굴이 자꾸 울그락불그락해요. 날씨만 바뀌어도 빨갛고 열나고 홍조가 생겨요. 세안 후 3~4시간은 얼굴이 붉어 있어요. (30대 직장여성 이서영)

**이서영 씨는 대표적인 민감성 피부다. 외부 자극에 너무나 취약한 데**

**반해서 열이 너무 많이 오른다는 게 문제였다. 날씨만 바뀌어도 얼굴이 홍당무가 되었다. 말하면서도 수차례 얼굴에 열이 올랐다 내리기를 반복했다. 이서영 씨의 하루 중 피부 문제가 가장 큰 시간대를 체크했다. 출근 후 2~3시간이 힘들고 잠자기 전까지 피부가 붉어 있었다. 보통은 출근하고 2~3시간 이후부터 컴퓨터 같은 외부 자극으로 힘들어지고 잠들기 전에는 피부가 점차 진정되는데 이서영 씨는 다른 사람들과 달랐다. 이서영 씨는 피부를 항상 깨끗하게 하면 좋을 것 같아 아침, 저녁으로 강한 세안제로 세안을 했다. 세안만 하고 나면 3~4시간은 피부가 매우 힘들고 불편했다. 아침, 저녁으로 매번 피부 장벽을 강하게 제거함으로 피부 염증도 자주 발생했다. 이서영 씨는 얼굴에 열이 많고 손발은 매우 차가웠다.**

이서영 씨에게 합성 계면활성제가 없는, 무향, 무취, 무색의 저자극 세안제로 바꾸게 했다. 아침에는 물 세안으로 가볍게 세안하고, 저녁에는 저자극 세안제로 가볍게 세안하게 했다. 물기는 닦는 느낌보다는 누르는 느낌으로 제거하고, 샤워기로 세안과 양치를 못하게 했다. 샤워기의 수압도 자극이 되기 때문이다. 물은 미온수를 사용해서 뜨겁지 않게 했다. 세안 시 일어날 수 있는 모든 자극을 줄였다. 토너만 바르면 얼굴이 따가워했다. 피부를 보호해주는 방어막은 약산성 유분인데, 이 방어막이 모두 유실되어 토너를 자극으로 여겨서 따가운 증상을 느꼈다. 상처 난 곳에 물이 닿으면 따가운 증상이 생기는 것과 같다. 토너가 따가운 증상을 보이는 3~4일 정도는 토너도 바르지 않고 피지막과 가장 흡사한 천연 오일이나 세라마이드 성분 크림만 바르게 했다.

혈액 순환이 잘되지 않아 열이 위로 올라오기 때문에 족욕을 자주 하고, 양말을 신고 취침하도록 했다. 배꼽 아래 단전 부위를 따뜻하게 해서 기의 흐름을 올려주기 위해 배에 찜 팩을 30분 정도 매일 하도록 했다. 컴퓨터 열도 무시할 수 없어 수시로 페이스 해열 미스트를 뿌리게 했고, 중간중간 스트레칭을 하게 했다. 드라이기를 사용할 때는 차가운 바람으로 머리를 말리게 했으며, 직접적이든 간접적이든 모든 자극은 최소화했다. 자외선 차단제는 2~3시간에 한 번씩 덧바르게 했다. 이서영 씨의 피부는 예민한 피부라고 말하기 힘들 정도로 투명하고 깨끗한 피부가 되었다. 남들보다 고쳐야 할 생활 습관은 많았지만, 열이 내려가고 자극을 줄이니 피부 민감성도 개선되고 주름도 줄며 탄력 있는 예쁜 얼굴이 되었다.

## 수분부족형 지성피부 관리

최근 들어 수분부족형 지성피부가 많이 늘었다. 지성피부는 천연보습제인 유분이 많아서 수분이 빠지지 못하도록 차단해주기 때문에 수분이 많은 게 일반적이다. 건성피부는 천연보습제인 유분이 부족하므로 건조하다. 수분부족형 지성피부는 지성인데 건조한 피부가 된 경우다.

피부는 유분과 수분의 균형이 맞았을 때 가장 건강하다. 균형이 깨지면 여러 가지 피부 트러블을 일으킨다. 피부 장벽이 무너지면 수분은 증발한다. 무너진 장벽 사이로 외부 공격을 받아 접촉성 피부염이나 알레르기성 피부염을 일으키기도 한다.

피부 장벽이 무너져서 진피층을 보호하지 못해 홍조가 생기고, 피부도 예민해진다. 열로 인해 피부 장벽이 또 무너지는데, 컴퓨터 앞에 온종일 앉아서 일해도 피부가 건조해질 수 있다. 컴퓨터 열로 인해 얼굴에 열이 전달되기 때문이다. 계속된 열은 노화를 일으킬 뿐만 아니라 수분을 뺏고 피부 장벽을 약하게 만든다. 요즘 유난히 피부가 건조한 사람이 많은 이유다.

피부는 수분이 부족하면 수분을 만들기 위해 유분을 더 많이 만들어낸다. 유분이 싫어서 제거하려고 아주 깨끗하게 세안을 하지만, 자극적인 세안은 피부 장벽을 무너뜨리고 수분을 날려버린다. 수분을 보충하기 위해 유분은 더 많이 나오고 다시 자극적인 세안을 하는 악순환이 일어난다. 지성피부가 수분이 부족하고 민감한 수분부족형 지성피부가 되는 이유다.

수분부족형 지성피부는 수분을 보충하기 위해 물을 많이 마셔야 한다. 커피나 음료가 아닌 순수한 물을 많이 마셔야 한다. 피부는 수분을 보충할 수 있게 에센스 타입의 수분 팩을 자주 해준다. 유분이 많은 오일류나 크림류를 줄이고, 수분이 많은 에센스 타입의 제품을 사용하는 게 좋다.

지성피부기 때문에 기본적인 유분 관리도 함께해야 한다. 피지 분비를 유발하는 스트레스나 당 독소, 유제품 따위는 최대한 줄이고, 자신의 피부에 맞는 자극 없는 각질 제거를 적절하게 해야 한다.

만약 수분부족한 지성피부가 아니라 수분부족한 건성피부라면 수분을 보충해주고 오일이나 크림류를 마지막에 발라서 수분이 빠져나가지 못하도록 막을 씌워서 한 번 더 보호해준다. 각질 제거는 최소화하거나 하지 않는 게 좋다. 이 피부는 건성이면서 민감한 피부라 자극을 최소화하는 게 좋다.

### 문제해결 사례

유분은 많은 것 같은데 건조하고 속 당김이 심해요. (20대 사무직 여성 강하나)

**강하나 씨는 얼굴에 유분이 많고 좁쌀 여드름도 있다. 유분이 그렇게 많은데 건조하고 속 당김이 심해서 불편하다. 건조해서 건성용 제품을 바르면 여드름이 심해지고 유분 때문에 지성용 제품을 바르면 또 건조해진다. 어떤 제품을 발라도 불편하고 유분 때문에 메이크업의 지속력도 떨어진다. 기름종이로 유분을 제거해 줘도 금방 유분이 심해져서**

**어떤 화장품을 사용해야 할지 고민돼서 찾아온 고객이다.**

강하나 씨는 전형적인 수분부족형 지성피부다. 지성피부인데 피부 장벽의 약화로 피부가 예민해졌다. 직업상 온종일 컴퓨터 앞에 앉아 있다 보니 얼굴에 열도 많이 났다. 냉난방기의 직접적인 열과 냉기가 더 건조함을 만들었다.

이런 고객들의 피부 개선에 도움 주고자 국가고시인 맞춤형화장품조제관리사 자격증을 취득했다. 강하나 씨처럼 제품 사용에 어려움을 겪는 고객들이 많다. 피부가 여러 가지 증상을 보일 때는 어떤 걸 발라야 할지 몰라 이것저것 사서 바르다가 맞지 않아 버리기 일쑤다. 피부는 제대로 아는 것에서 시작한다. 내 피부를 제대로 알고 대처만 해도 비용을 줄일 뿐만 아니라 피부 개선에도 도움이 된다.

먼저, 강하나 씨는 생활 습관부터 개선하게 했다. 첫째, 장벽을 약화하는 세안제와 세안 습관을 개선하고, 둘째, 보습 관리에 신경을 썼다. 셋째, 기름종이를 줄이게 했다. 피부는 유·수분의 균형을 맞추려고 한다. 장벽의 약화로 수분이 빠져나가면 수분을 채우려고 유분이 나오게 된다. 그런 유분을 기름종이로 닦아내면 피부는 건조하게 느끼게 되고, 건조해지면 수분을 채우기 위해 유분을 더 만들게 된다. 넷째, 50분 컴퓨터 앞에서 일하고 10분은 외부 공기를 마시며 스트레칭하도록 했다. 다섯째, 냉난방기의 바람 방향을 바꿔서 직접 오지 않게 했다. 주 1회 각질 제거를 통해 모공 속 각질을 제거해줬다. 지금은 피부의 건조함, 유분, 좁쌀 여드름까지 줄어 들었다.

## 레이저나 필링 후 피부 관리

레이저는 열을 이용하는 방식이다. 강한 레이저나 강한 필링을 하면 피부는 아주 강한 자극을 받는다. 열이 올라오고 붉어지는 만큼 사후 관리에 특별히 주의를 기울여야 한다. 사후 관리를 잘못하면 피부가 예민해지거나 색소침착이 일어날 수 있다.

피부는 여러 기능을 하지만 보호 기능이 가장 강하다. 자외선을 받으면 진피를 보호하기 위해서 멜라닌색소가 올라와 기미가 된다. 사람들은 기미를 보기 싫고 없애야 하는 적으로 생각하지만 사실은 나라를 지키는 군인 같은 존재다. 외부의 적에게 공격을 당하기 쉬운 곳일수록 철벽 방어를 한다. 얇은 피부일수록 기미가 많은 이유는 자외선이라는 강력한 적군에 대항하기 위해 군인을 많이 배치하는 이치와 같다.

나라를 지키는 군인이 100명이라고 생각해 보자. 외부 침입자가 나타나서 군인을 30명쯤 죽였다. 레이저가 30명을 죽인 셈이다. 100명으로도 지키기 힘든 외부 공격을 받았는데 70명밖에 없으면 어떻게 될까? 나라가 위험해진다. 그러면 100명보다 더 많은 150명, 200명을 내보내게 된다. 그래야 안심할 수 있기 때문이다. 반대로 나라가 튼튼하여 누구도 넘볼 수 없이 강력하다고 생각해 보자. 10명 정도만 보초를 세워도 안전하면 80~90명은 철수시키고

10~20명만 주둔하도록 하지 않을까? 기미가 생기는 원리가 이와 같다.

진피가 튼튼하지 못하면 진피를 지키기 위해서 멜라닌 색소를 올려보내 멜라닌 색소는 기미가 된다. 기미가 더 만들어지는 것이다. 벗기는 게 우선이 아니라 먼저 진피를 건강하게 만들어야 기미가 사라진다. 기미를 생각하면 나그네 옷 벗기기 우화가 생각난다. 나그네 외투를 누가 먼저 벗길 수 있는지 바람과 태양이 내기를 했다. 힘센 바람은 엄청난 힘으로 나그네 옷을 벗길 수 있으니 자기가 이길 수 있다고 생각했고, 태양은 뜨거운 볕을 내리쬐면 더워서 스스로 외투를 벗기 때문에 자신이 이길 수 있다고 장담했다. 누가 이겼을까? 힘센 바람으로 억지로 벗기려고 하니 나그네는 옷이 벗겨질까 봐서 더욱 외투를 여몄다. 얼마 뒤 해가 내리쬐었다. 왠 날씨가 이렇게 변덕이 심하냐며 너무 더워서 나그네가 스스로 옷을 벗었다.

나그네도 더우면 스스로 옷을 벗고 바람이 불면 옷을 여미는 것처럼 기미도 마찬가지다. 피부는 약한데 외부 공격이 강하니 피부를 지키기 위해 멜라닌 색소를 올려보내는 것이다. 멜라닌 색소를 올려보내지 않게 피부를 튼튼하게 만들고 외부 공격을 최대한 막아주면 멜라닌 색소는 올라올 필요가 없다.

레이저 치료 후에는 암흑 속에서 햇빛을 보지 않는 상태가 가장 좋은 환경이다. 수분을 공급하며 진정 관리를 잘해 줘야 한다. 암흑 속에 살 수 없으니 최대한 자외선에 노출이 되지 않도록 해주는 게 좋다. 열이 나는 사우나나 찜질방 출입을 자제하고 격렬한 운동도 피해야 한다. 특히 세안을 가볍게 해야 한다. 얼굴에 손이 닿지 않아야 좋다. 손의 열이나 마찰도 자극이다. 당연히 자극 없는 세안제를 사용해야 한다.

레이저나 필링을 하면 열이 나기 때문에 먼저 열을 내려주는 게 좋다. 열이 반복적으로 강하게 나면 얼굴이 며칠 동안 검어지거나 기미가 생길 수도 있다. 차가운 팩을 하거나, 얼음을 거즈에 싸서 열을 내려준다. 이때 얼음도 자극이 될 수 있으니 직접 얼음을 올려놓지 않는다. 피부 해열 제품을 발라주는 것도 방법이다.

인공색소나 방부제, 합성 향이 없는 진정 팩을 수시로 해준다. 2~3일 후부터는 건조해지기 시작한다. 보습을 잘해서 수분을 채워준다. 상처가 난 얼굴이기 때문에 재생 크림을 발라서 재생을 도와준다. 레이저나 필링을 하고 난 직후는 오히려 트러블이 잘 생기고 예민해질 수도 있다. 트러블이 생길 경우, 자외선 차단제는 피부에 막을 씌우는 크림 타입보다는 에센스 타입을 추천한다. 자외선 차단제는 덧바르는 게 훨씬 오래 유지된다. 2~3시간에 한 번씩 덧발라서 자외선을 최대한 막아야 한다. 암흑 같은 환경을 만들려면 자외선을 최대한 멀리하고 자외선 차단제를 꼼꼼하게 발라야 한다.

## 문제해결 사례

### 출산 후에 기미가 늘었어요. (40대 여성 김선희)

김선희 씨는 30대 중반으로 얇고 고운 피부를 가진 예비 신부였다. 결혼 후 임신과 출산으로 아주 힘들어했지만 일을 계속해야 해서 출산 후에는 아이 보느라 일하느라 관리실 오는 걸 힘들어했다.

김선희 씨는 십여 년 뒤 관리실을 다시 방문했다. 없던 기미가 얼굴을 꽤 많이 덮었다. 10년 전만 해도 참 고운 피부였는데 나이 들어 보여서 안타까웠다. 메이크업으로 잘 가리려고 했지만, 광대 부위는 짙게 얼룩덜룩해서 잘 가려지지 않았다. 어찌된 일인지 물었더니, "출산 후 기미가 많이 생겨서 레이저 시술을 받았어요. 출산 후 기미에 대해 찾아보다가 저와 비슷한 친구를 알게 됐어요. 친구는 효과가 매우 좋았고 옆에서 봐도 피부에서 광이 났어요. 저도 친구처럼 좋아질 수 있다는 기대감에 비용은 부담됐지만 기대감만은 부풀어 올랐어요. 친구 소개로 같은 병원에서 같은 의사에게 같은 시술을 받게 됐어요. 시술 후 얼굴이 많이 붉어지긴 했지만, 점차 깨끗해지는 것 같았고 피부도 매끄러워졌어요. 더 좋아지고 싶어 몇 차례 더 받았어요. 그런데 몇 달 후부터 서서히 기미가 올라오기 시작하더니 언제부터인지 레이저 하기 전보다 기미가 더 심해졌어요. 자외선 차단제도 잘 바르고 있는데 더 나빠지고 있어요. 어떻게 해야 할지 모르겠어요"라고 했다.

김선희 씨 같은 경우가 참 많다. 김선희 씨가 몇 가지만 알고 레이저 시술을 받았더라면 이런 결과를 초래하지 않았을 것이다. 김선희 씨 친구는 지성피부였다. 사춘기 때 여드름도 많이 났고, 지금도 화장이 잘 지워질 만큼 유분이 많은 친구다. 반대로 김선희 씨는 검은 피부에 얇고 고운 피부다. 같은 강도의 레이저라도 두 사람이 받는 충격은 다르다. 얇은 피부가 그렇지 않은 피부보다 기미가 많아질 확률이 높다.

하얀 피부는 빛을 받으면 피부가 붉어졌다 다시 하얗게 되지만 검은 피부는 그냥 검어지는 경우가 많다. 친구보다 피부가 검은 김선희 씨가 상대적으로 효과가 떨어질 수밖에 없다.

김선희 씨 같은 피부가 레이저를 받으려면, 첫째, 레이저를 받기 전에 피부와 몸 상태를 좋게 만들고 잠을 충분히 자는 게 좋다. 혈액 순환도 잘되게 하고 피부가 수분을 머금도록 촉촉하게 건강한 상태로 병원에 간다. 둘째, 레이저를 받고 나면 피부를 지키는 보호막은 얇아져 있다. 이때 친구보다 김선희 씨는 더 신경을 써야 한다. 외부 자극을 최소화해야 한다. 암흑 같은 상황을 만들면 좋겠지만 현실적으로 불가능하니 자외선을 최대한 덜 받고, 자외선 차단제를 수시로 덧발라 준다. 열, 햇빛, 자극은 최대 적이다. 적의 공격을 최소화하는 환경을 만드는 게 중요하다. 열이 나면 열을 내려 주고 운동이나 사우나는 하지 말아야 한다. 홍조를 만들기 때문에 금주는 당연하다. 레이저 시술보다 사후 관리가 더 중요하다. 얇은 피부와 두꺼운 피부는 레이저 후 반응과 효과가 다르다. 친구 피부와 내 피부가 다르다는 사실을 먼저 알아야 한다.

김선희 씨는 남들보다 피부가 좋지 않고 나이 들어 보이는 건 기미와 레이저 때문이라고 생각했다. 자신의 피부 상태를 정확히 알고 거기에 맞는 사후 관리를 잘했더라면 지금보다 훨씬 예쁘고 건강한 피부였을 것이다. 지금은 벗겨내기보다 피부 속을 더 신경 쓰도록 했더니 피부가 건강해지게 되었다.

## 노화를 예방하는 식습관

앞에서 활성산소가 피부노화를 앞당긴다는 이야기를 했다. 노화 지연을 위해 건강기능식품 필요성도 간단히 언급했다. 그러나 무엇보다 중요한 것은 매일 세 번 만나는 식탁이다. 매일 어떤 음식을 먹느냐에 따라 피부에 문제가 생기고 노화하기 때문이다. 세계보건기구는 피해야 할 10대 불량식품을 선정했다. 다음과 같다.

### 세계보건기구 선정 10대 불량식품

1. **햄 · 소시지등 가공 고기:** 발암 물질인 발색제 아질산염과 방부제 함유
2. **기름에 튀긴 식품:** 심혈관 질병, 비만 원인
3. **설탕에 절인 과일류:** 높은 당 함량, 색소, 향료,방부제 함유
4. **과자류:** 식용 향료, 색소 함유, 영양 불균형
5. **소금에 절인 식품:** 고혈압, 신장에 부담, 점막 손상
6. **통조림 류:** 방부제
7. **인스턴트 식품:** 염분 과다, 식품첨가물
8. **냉동 간식류(아이스크림):** 식용색소, 향신료가 발암물질 체내 흡수 촉진
9. **숯불구이류 식품:** 숯불에 구운 닭다리 1개=담배 60개비
10. **사이다, 콜라, 탄산음료:** 철분, 칼슘 배출, 인공색소, 과한 설탕

불량식품 속에는 셀 수 없이 많은 방부제, 표백제, 발색제, 식용색소, 합성 감미료 같은 식품첨가물이 들어간다. 이것만 문제가 아니다. 평소 먹는 음식이 자극적이다. 인공조미료, 정제 설탕으로 감칠맛이 나면서도 과도하게 맵고 짜다. 자극적인 음식은 위산 분비가 많다. 불량식품과 과식으로 인한 독소와 노폐물 과부하는 결국 피부노화를 앞당긴다.

가장 이상적인 식사는 ①자연 상태의 식물성 식품을 그대로 섭취

하고 ②다양한 채소, 과일, 두류, 도정하지 않은 곡류, 열을 가하지 않은 씨앗류 같은 것을 섭취하고 ③가공식품과 동물성 식품을 피하며 ④소금, 기름, 설탕을 첨가한 음식은 피하는 것이다. 자연 상태 식물성 식품에는 파이토케미칼이라는 식물영양소가 듬뿍 들어 있다. 식물영양소는 식물이 각종 해충과 미생물, 동물, 자외선 같은 외부 환경에 대항하여 자신을 보호하려는 목적으로 만들어 내는 물질이다. 식물영양소는 항산화 작용을 하여 세포 손상을 억제한다. 항산화 작용으로 피부노화를 지연하는 식물영양소는 다음과 같다.

**피부노화를 지연하는 식물영양소**

| 식물영양소 | 기능 | 함유 식품 |
|---|---|---|
| 플라보노이드 | 항균, 항바이러스, 항염, 항암 작용 항알레르기, 항산화 작용 | 딸기, 자두, 블루베리, 포도, 라즈베리, 체리, 적포도주, 녹차 |
| 카로티노이드 | 시각 기능 유지, 항산화 작용으로 노화 지연, 항암 효과 | 빨간색, 노란색, 오렌지색 과일과 채소, 당근, 황색 고구마, 녹색 잎 |
| 알리신 | 살균작용, 항균작용, 혈액 순환 개선, 소화 촉진, 인슐린 분비 촉진, 암 예방 | 흰색 식품, 마늘, 양파, 배추, 무우, 버섯 |
| 이소플라본 | 여성 호르몬 역할, | 콩과 콩으로 만든 두부, 된장, 청국장 |
| 레스베라트롤 | 항암 작용, 항산화 작용, 콜레스테롤 저하, 항바이러스, 항염, 항노화 작용, | 오디, 땅콩, 포도, 라즈베리, 크랜베리, |
| 풀리페놀 | 강력한 항산화 작용, | 녹차, 딸기, 가지, 포도, 검은콩, 팥, |

[피부가 능력이다], 정진호, 청림라이프

## 콜라겐 합성을 촉진하는 식품

콜라겐은 인체에 가장 많이 존재하는 섬유성 단백질이다. 체내 단백질의 35% 정도를 차지한다. 인체의 피부, 뼈, 힘줄, 인대, 연골, 모발, 혈관, 손톱 등에 존재하는데, 특히 피부의 약 70%, 진피의 약 90%를 차지한다. 피부를 지탱하는 기둥 단백질이라는 의미다. 콜라겐이 부족하면 피부 탄력이 떨어지고, 주름과 기미가 발생하여 노안이 빨리 온다.

인체 내에서 콜라겐 감소를 불러오는 요인은 ①활성산소 생성으로 콜라겐 합성이 감소하고 ②자외선 영향으로 콜라겐 분해효소가 증가하고 ③설탕 분자는 피부 세포 파괴 작용을 유발하여 피부 탄력을 떨어뜨리고 ④니코틴은 혈액 순환을 방해하고 말초혈관을 수축하여 피부 영양 공급 장애를 유발하고 ⑤잦은 음주는 간에서 만들어지는 항산화 물질 생성을 억제하여 콜라겐 생성을 떨어뜨린다.

콜라겐 합성을 떨어뜨리는 생활 습관을 고치고 콜라겐 합성을 촉진하는 영양소가 든 식품을 섭취하면 피부노화를 막을 수 있다. 콜라겐 합성에 가장 좋은 음식은 토마토다. 토마토는 피부노화를 촉진하는 활성산소를 제거한다. 비타민과 항산화 물질이 풍부해서 피부에 도움을 준다. 호박도 콜라겐 합성을 촉진한다. 콩, 신선한 채소, 과일, 생선도 좋다. 석류, 감, 포도, 멸치도 콜라겐 합성을 촉진한다. 항산화에 좋은 식물영양소가 많이 들어 있는 채소와 과일이 콜라겐 합성에도 좋다.

## 숙면하는 방법

건강과 피부에 가장 좋은 수면법은 밤 10부터 2시까지는 무조건 깊은 잠을 자는 것이다. 이 시간에 세포는 수리 작용과 재생작용을 한다. 피로와 스트레스가 회복되고, 노화의 원인인 활성산소를 제거한다. 세포는 여러 가지 원인에 의해 손상되는데 고쳐 쓸 만하면 수리를 하고, 그렇지 못한 세포는 자살한다. 잠이 부족하면 면역력

**<불면증 자가 진단> 2가지 이상 해당하면 불면증**

| 체크리스트 | 예 | 아니오 |
|---|---|---|
| • 잠자리에 누운 후 잠들기까지 30분 이상 걸린다. | | |
| • 잠자리에 누우면 정신이 더욱 또렷해지거나 공상이 많다. | | |
| • 잠든 후 자주 깬다. | | |
| • 잠을 자면서도 여러 생각이 들거나 복잡한 꿈을 꾼다. | | |
| • 이른 새벽에 깬 후 더 자고 싶지만 다시 잠들기 어렵다. | | |
| • 아침에 일어나면 정신이 흐릿하고 맑지 못하다. | | |
| • 낮에 쉽게 피곤해지고 집중력이 떨어진다. | | |

이 떨어진다. 스트레스 호르몬 분비가 증가하고, 성장 호르몬 분비는 줄어든다. 이런 문제는 곧 피부 문제를 일으킨다. 그래서 잠을 못 자면 피부가 푸석푸석해진다. 잠을 푹 잔 날과 자지 못한 날 피부 상태가 많이 다른 이유다. 불면증 자가진단표를 이용하여 자신의 수면 상태를 진단해보자.

인간은 생체 리듬상 7~8시간을 자야 한다. 특히 잠이 든 3시간 동안이 피부에 가장 중요한 시간이다. 숙면을 위해서는 각성 호르몬인 코르티솔 분비는 줄이고, 멜라토닌 분비를 늘리는 생활 습관이 중요하다. ①잠이 올 때만 잠자리에 눕고, ②침대는 수면 이외의 목적으로는 이용하지 말고, ③잠들기 힘들면 일어나서 침실 밖으로 나가고, ④저녁 식사 후 가벼운 운동으로 몸의 긴장을 풀거나 족욕을 하고, ⑤취침 시간이나 수면 시간에 상관없이 일정한 시간에 일어나고, ⑥낮잠은 30분을 넘지 말아야 한다.

## 화장품 중독에서 벗어나기

오자와 다카하루 박사는 피부가 건조한 사람들이 화장품을 안 쓰면 몇 주에서 두세 달 정도면 피지가 정상적으로 생겨난다고 말한다. 이때부터 피부 장벽은 튼튼해져서 비누의 웬만한 세정력에도 끄떡없이 견뎌낼 수 있다고 한다.

미국 접촉성피부염학회 연구에 따르면, 화장품에 의한 과민반응은 59%가 얼굴에 발생하고, 79%가 여자였다. 하지만 이 중 피부과 전문의의 진단을 받고 치료한 환자는 절반에도 미치지 않는 것으로 나타났다. 대부분 가벼운 증상이 반복되어 피부과 전문의를 찾지 않는 잠재적인 환자라고 발표했다. 따라서 자신의 화장품 중독지수를 객관적으로 평가해 볼 필요가 있다. 해당하는 항목마다 1점씩 매겨 화장품 중독 상태를 측정해보자.

**화장품 중독 체크리스크**

| 체크리스트 | 예(1점) | 아니오 (0점) |
|---|---|---|
| • 세안 후 아무것도 바르지 않은 상태에서 2시간이 경과해도 계속 당긴다. | | |
| • 세안 후 얼굴이 붉어진다. | | |
| • 세안 후 얼굴에 각질이 일어난다. | | |
| • 성인 여드름이 있다. | | |
| • 발림성 위주로 화장품을 고른다. | | |
| • 일주일에 5일 이상 메이크업을 한다. | | |
| • 특정 화장품을 발라야만 트러블이 생기지 않는다. | | |
| • 화장품을 바꿀 때마다 효과 차이를 많이 느낀다. | | |
| • 가능성 화장품을 사용해야만 효과가 있다. | | |
| • 스킨케어 단계 중 하나라도 빠지면 피부가 건조해지는 변화를 바로 느낀다. | | |

| • 기초화장품을 4가지 이상 바른다. | | |
|---|---|---|

* 1~4점: 화장품 중독지수 하
* 5~8점: 화장품 중독지수 중
* 8~11점: 화장품 중독지수 상

[21일간의 피부 기적], 구희연, 흙마당

4장

# 좋은 인상 얼굴 만들기

## 탄력 있는 얼굴을 만드는 스트레칭

잘 웃는 것도 좋은 스트레칭이다. 웃는 것만으로도 좋은 인상을 만들 수 있다. 수시로 인상 쓰며 산 사람 얼굴과 자주 웃으며 산 사람의 얼굴은 분명히 다르다. “웃는 얼굴에 침 못 뱉는다”, “웃으면 복이 온다”라는 말처럼 웃으면 나도 행복하고 보는 사람도 행복하게 만든다. 웃는 모습이 아름다울 때 사람들은 호감을 느낀다. 인상이 험악한 사람이나 못생긴 사람도 웃으면 다른 사람이 매력을 느끼게 할 수 있다.

웃는 사람은 혜택도 많다. 가령, 어떤 물건을 팔 때 웃으며 밝은 표정으로 하면 인상을 쓸 때보다 좋은 성과를 얻을 수 있다. 상품이 잘 팔리면 사람들은 그 상품의 질이 좋아서 잘 팔린다고 생각한다. 사람은 좋은 물건을 사고 싶은 심리가 있으니 잘 팔리는 제품은 계속 잘 팔리는 상승효과가 일어난다. 잘 돼서 웃는 게 아니라 웃기 때문에 잘 되는 것이란 말이 있듯이 잘 웃으면 행복지수가 올라갈 수밖에 없다.

나는 웃지 않을 때 얼굴에 냉기가 흐른다는 말까지 들은 적이 있었다. 화나지도 않았는데 화났느냐는 말도 들었다. 억지로 웃어야 할 상황이 오면 얼굴 근육이 마비되는 느낌이 들 때도 있었다. 몇 년 전 세미나 후 교육생들과 사진을 함께 찍은 적이 있다. 같은 표정 같은 동작으로 수십 명과 사진 수천 건을 두세 시간 동안 쉬지 않고 찍었는데 마치 연예인이 된듯한 느낌이었다.

그 상황만큼은 행복했지만 마음과는 다르게 얼굴 근육이 마비되는 것 같아 웃는 게 어렵다는 사실을 알게 되었다. 연예인들이 웃으며 팬 사인회을 하려고 얼마나 많이 웃는 연습을 했을까 생각했다. 이런 경험은 '어떻게 하면 자연스러운 미소를 지을 수 있을까?' 하고 생각하는 계기가 되었다.

지금은 아침마다 일어나 거울을 보며 웃는 연습도 하고, 웃는 내 얼굴을 매일 사진도 찍는다. 웃을 때 사용하는 근육은 쓰면 쓸수록 발달한다. 표정 근육이 예쁘게 되도록 웃는 습관을 만들어야 한다. 그래야 긴장하기 쉬운 얼굴 근육을 웃음으로 이완하여 눈주름, 팔자 주름, 입가 주름은 물론 꺼진 볼도 올려서 탱글탱글하게 만들 수 있다.

사람에 따라 조금씩 다르지만 20대 중후반부터 피부는 노화하기 시작한다. 나이 들면서 얼굴에 주름이 생기고, 근 손실로 탄력이 떨어지며 아래로 늘어지는 현상은 자연스러운 노화 과정이다. 하지만 그 속도는 사람마다 차이가 있다.

얼굴에는 수많은 근육이 있다. 얼굴 근육이 어떠냐에 따라 얼굴 모양이나 주름, 피부 탄력에 영향을 미친다. 얼굴 근육을 탄력 있게 만들려면 얼굴 스트레칭이 중요하다. 이것은 복근운동으로 배에 탄력을 주고, 팔 다리 운동으로 근육을 탱탱하게 만드는 이치와 같다. 얼굴 근육도 스트레칭으로 탄력 있게 만들 수 있다.

얼굴 스트레칭을 하면 얼굴에 탄력이 생기며 늘어진 얼굴 윤곽, 입술 주름, 목주름, 눈가 주름을 개선할 수 있다. 얼굴 스트레칭을 깊이 있게 연구한 카트린느 페지는《하루 5분, 얼굴 스트레칭》에서 얼굴 스트레칭이 얼굴 모양은 물론 피부 구조에까지 영향을 미치는데, 특히 건성피부는 큰 효과를 볼 수 있다고 주장했다. 피부를 지탱해 주는 근육을 움직여 주면 진피에 혈액 순환이 촉진되고 부족한 콜라겐 섬유를 재생하는 데 도움을 준다는 것이다.

얼굴 스트레칭은 지성피부에서 피지가 빠져나가는 데 도움을 준다. 또한 진피가 단단해지는 경향이 있는 지성피부를 부드럽게 만들어 준다. 복합성 피부가 얼굴 스트레칭을 하면 과도한 피지는 배출하도록 도와주고 수분 공급은 도움을 준다.

웃는 건 근육이다. 헬스 트레이너를 통해 올바른 트레이닝 방법을 코칭받으면 더 큰 효과를 얻을 수 있듯이 얼굴 스트레칭도 알려주는 방법대로 하면 효과가 더 크다. 웃는 얼굴이 예쁘고 자연스러워지도록 얼굴 스트레칭을 해보자. 이 동작은 평소 잘하지 않는 동작이라 표정을 크게 해야 효과가 있다. 긴장한 근육을 최대한 늘린다는 느낌으로 해야 한다. 입을 크게 벌리고 '아~ 예~ 이~ 오~ 움~'을 해준다. 근육에 힘이 갈 정도로 크게 10초간 유지한다. 우리가 아는 아예이오움과 입 모양이 많이 다르다. 아주 크고 강하게 얼굴의 근육이 땅길 정도로 해줘야 효과가 있다.

모든 동작을 따라 할 시간이 없을 땐 세 가지 동작만큼은 자주 해주면 좋다. '아', '오', '볼에 풍선 만들어 빵빵', 이 세 가지만 잘 따라 해도 얼굴 근육이 스트레칭된다. 얼굴 근육을 스트레칭한 후 얼굴 관리를 하면 훨씬 효과가 있다.

## 얼굴 스트레칭 요령

| 발음 | 얼굴 스트레칭 요령 |
|---|---|
|  | 〈아〉<br>눈을 크게 뜨고 입을 최대한 크게 벌리는 동작이다. 처음에는 입을 천천히 크지 않게 벌리다가 근육에 탄력이 생기고 적응되면 목에 헐크 주름이 생기도록 목까지 힘이 가게 한다.<br>악관절이 있는 사람이나 저작근이 약한 사람은 갑자기 입을 크게 벌리면 악관절 손상 위험이 있을 수도 있고 턱이 빠지기도 한다.<br>처음에는 가볍게 벌리는 것부터 연습한다. 이마와 눈 근육부터 얼굴 대부분 근육을 스트레칭 한다. 얼굴 전체 근육을 한 번에 탄력 있게 만드는 가장 효과적인 스트레칭 방법이다. 목주름에도 효과적이다.<br>5초간 유지, 5세트 진행한다. |
|  | 〈예〉<br>아랫입술과 턱이 최대한 좌우로 당기도록 한다. 예쁜 입술을 만들고 꼭두각시 주름에 효과적이다.<br>5초간 유지, 5세트 진행한다. |
|  | 〈이〉<br>입술 좌우로 힘을 주고 입꼬리를 최대한 위로 당긴다. 입꼬리와 볼에 강한 긴장감을 느껴야 한다. 쳐진 입꼬리를 올리고 예쁜 앞 광대를 만드는 데 효과적이다.<br>5초간 유지, 5세트 진행한다. |

<table>
<tr><td></td><td>〈오〉<br>그냥 '오'를 하는 게 아니다. 인중을 당겨 윗입술이 치아에 힘줘서 말아 넣듯이 해야 한다.<br>눈은 치켜뜨고 목에 힘이 갈 정도로 턱은 최대한 아래로 내린다. 팔자 주름, 꼭두각시 주름, 눈주름에 효과적이다.<br>5초간 유지, 5세트 진행한다.</td></tr>
<tr><td></td><td>〈움〉<br>'우' 발음처럼 입이 벌려지는 동작이 아니라 뽀뽀 동작처럼 입을 다물어야 한다. 구륜근인 입 둘레 근육을 탄력 있고 탱글탱글하게 만들어 준다.<br>입술을 다문 채 앞으로 길게 내민다. 입술 주변에 강한 긴장이 느껴져야 한다. 마녀 주름에 효과적이다.<br>5초간 유지, 5세트 진행한다.</td></tr>
<tr><td></td><td>〈볼에 풍선 만들기〉<br>근 손실로 탄력이 떨어져 볼이 꺼지면 광대가 도드라지고 팔자 주름이 깊어 보이며 나이 들어 보일 뿐 아니라 가난해 보일 수도 있다.<br>볼 근육에 풍만감을 가득 높여주는 동작이다. 입에 바람을 가득 넣고 볼에 힘을 준다.<br>바람을 한쪽 볼씩 이동하면서 넣어준다.<br>볼 근육에 힘이 없으면 손으로 눌렀을 때 바람이 새어 나온다. 손으로 눌러도 바람이 새어 나오지 않을 만큼 자주 해주면 좋다.<br>10초간 유지, 5세트 진행한다.</td></tr>
<tr><td></td><td>〈볼에 풍선 만들어 빵빵〉<br>바람이 새어 나올 땐 손으로 입을 막고 최대한 빵빵하게 바람을 넣는다.<br>볼에 풍만감이 좋아지고 전체적인 얼굴선이 예뻐진다. 근육에 힘이 생기면 손으로 막지 않아도 바람이 새어 나오지 않는다.<br>그렇게 될 때까지 반복적으로 볼을 빵빵하게 만든다. 얼굴 근육에 탄력이 생겨 볼륨감 있는 볼을 만드는 데 효과적이다.<br>10초간 유지, 10세트 진행한다.</td></tr>
</table>

## 작은 얼굴, 내 손으로 만들 수 있다

나는 차별화한 윤곽 관리를 하려고 커대버 해부와 근육학을 바탕으로 골근 동안을 만들었다. 아울러 수만 번 임상을 통해 나온 골근 동안을 바탕으로 예쁜 얼굴 셀프 관리법을 만들었다. 책상에 앉아서 간단하게 따라 하는 방법이다. 혼자 하다 보면 힘을 주는 방법을 모르기 때문에 팔이 아프거나 힘으로만 누를 수 있다. 그러면 효과가 떨어지기도 하고, 다른 근육들이 긴장해 역효과가 날 수도 있다. 하지만 이 셀프 관리는 지렛대 원리를 활용해서 힘들이지 않고 강한 압도 넣을 수 있다.

인체를 구성하는 뼈는 206개다. 머리뼈는 설골을 포함하면 총 23개다. 근육은 머리끝부터 발끝까지 서로 연결되어 있으며 근막이 둘러싸고 있다. 그러다 보니 근육 하나가 긴장하면 유기적으로 다른 곳 근육과 근막, 뼈까지 변형이 온다. 한쪽으로 음식물을 씹거나 한쪽 몸만 과도하게 써도 체형과 함께 얼굴도 틀어진다. 대부분 사람 얼굴이 비대칭인데 한쪽 근육만 과도하게 사용하거나 잘못된 습관 때문에 생긴 문제다. 과도하게 긴장한 근육을 유연하게 만들고, 늘어나서 힘이 없는 근육을 튼튼하게 만들기만 해도 문제 해결에 많은 도움을 받을 수 있다.

밀가루 반죽은 여러 번 치대면 더 탄력 있고 쫀쫀해진다. 쫄깃하고 탄력 있는 면발을 만들려면 반죽을 수없이 치대야 한다. 반죽을 치댈수록 가늘어도 탄력 있고 쫄깃한 면발이 된다. 근육도 이런 원리를 생각하면 된다. 흔히 근육을 푼다고 하는데 마구 풀어서 힘없는 상태로 만드는 게 아니다. 근육에 탄력이 생겨서 이완할 때 이완할 힘이 생기고 수축할 때 수축할 힘이 생기는, 즉 근육의 질이 좋아지도록 만드는 것이다.

얼굴은 음식을 씹고, 말을 하고 표정을 짓는 등 서로 유기적이고 복합적으로 일을 한다. 따라서 어느 한 근육만 풀어주는 게 아니라 전체적으로 풀어줘야 한다.

얼굴을 작고 탄력 있게 만들려면 얼굴 근육과 함께 얼굴 주변 근육을 함께 관리해야 한다. 얼굴보다 얼굴 주변을 먼저 관리해주면 더 효과적이다. 얼굴 주변 근육 중에 목 근육은 뒷부분에 있으니 목 근육을 먼저 풀어주길 추천한다. 체형이 틀어지면 얼굴이 틀어지거나 커지거나 변형된다. 예쁜 얼굴 윤곽을 가지려면 올바른 체형이 동반되어야 한다. 그래서 이 책에는 체형 관리까지 넣어서 얼굴 윤곽이 변형되지 않도록 유지하는 방법을 담았다.

근육에는 기시점과 정지점이 있다. 근육이 수축할 때 위치가 고정되어서 움직임이 작은 부위는 기시점이고, 움직임이 큰 부위는 정지점이다. 기시점은 보통 움직임이 덜한 몸통 가까운 곳에 붙어 있고, 정지점은 움직임이 많은 몸통에서 먼 곳에 붙어 있다. 정지점의 움직임이 보통 더 많기 때문에 긴장도도 높은 편이다. 정지점의 긴장을 해소해주면 근육 전체의 긴장도가 훨씬 잘 풀릴 수 있다.

두피는 얼굴의 연장선이라 얼굴 변형과 밀접한 관련이 있다. 두피 근육은 전두근, 후두근, 측두근이 있고, 이들을 연결하는 모상건막이 있다. 이 근육들이 변형하면 얼굴이 비대칭으로 바뀐다. 얼굴 변형을 바로 잡고 싶으면 반드시 풀어야 할 곳이 두피의 근육과 근막이다. 두피 전체 근육과 근막을 잘 풀어줄수록 좋다. 특히 얼굴과 두피가 맞닿아 있는 헤어라인을 집중해서 풀어준다. 헤어라인만 잘 풀어줘도 얼굴이 작아진다.

### 두피와 헤어라인 관리

■ 두피 관리

- 손을 두피와 맞닿게 머리카락을 주먹으로 잡은 상태로 밀착하여 흔들어 준다. 머리를 전체를 돌아가며 시행한다.
- 손가락에 힘을 주고 두피와 헤어라인에 올려놓고 손가락을 두피에 고정한다. 머리카락이 아닌 두피가 움직이게 제자리에서 원을 그려준다. 최대한 머리카락 소리가 나지 않도록 한다.

■ 헤어라인 관리

- 헤어라인에 손가락을 올려놓는다.
- 네 손가락을 두피에 고정한 상태에서 손가락에 힘을 주고 두피를 좌우로 왔다갔다 한다. 한 지점에서 3~5회 마사지를 한다. 헤어라인을 따라 이동하며 같은 방법으로 마사지한다.

## 작은 얼굴 만드는 바탕질 관리법

**얼굴의 부기를 빼고, 염증을 제거하고, 팽팽한 얼굴을 유지하기 위해서는 얼굴의 바탕질 관리가 필수다. 그 요령을 소개한다.**

**첫째, 정체된 림프 순환을 해결해야 한다.** 그 방법은 복식호흡, 스트레칭, 그리고 마사지다. ①복식호흡을 통해 횡격막과 복부를 운동시킨다. 복압이 증가하여 심부의 림프 순환이 좋아진다. 전체적인 흐름이 원활해진다. ②목과 어깨를 스트레칭하여 림프절과 림프관을 자극한다. 정체된 림프절을 좋게 한다. 고속도로 톨게이트에 해당되는 부위가 림프절이다. 병목 구간인 림프절을 깨워야 한다. ③페이스 마사지를 한다. 손가락으로 얼굴과 목의 림프절을 자극하고 마사지한다. 손가락을 펴서 하나씩 누르는 방식으로 한다. 손가락으로 누르는 '핑거링Fingering' 방식이다. 얼굴 중심부에서 시작해

바깥쪽으로 핑거링을 한다. 이후 관자놀이와 귀 앞뒤 쪽, 턱 아래로 해나간다. 마지막으로 목 주변과 쇄골 쪽으로 진행한다. 특히 귀 뒤쪽과 쇄골 안쪽을 연결하는 흉쇄유돌근 주변을 잘 눌러야 한다. 얼굴에서 빠져나가는 대부분의 림프관이 지나가는 자리다.

너무 강하게 누를 필요는 없다. 손가락으로 약간의 압력이 전달되는 정도로 누른다. 대신 방향성을 가지고 물 흐르듯 연동운동시키는 게 중요하다. 마치 흐물흐물한 호스를 짜듯이 눌러주면 된다.

**둘째, 얼굴의 염증을 줄이고 면역력을 높여야 한다.** 산화 스트레스로부터 얼굴을 보호하는 것이 면역력을 높이는 길이다. 활성산소를 줄일 수 있는 생활환경을 만들고, 항산화력을 키워야 한다. 과일과 채소를 통해 비타민A, 비타민C, 비타민E, 베타카로틴, 안토시아닌 등의 항산화 물질을 섭취하는 것도 좋다. 바깥 활동 후에는 깨끗이 세안하여 미세먼지를 씻어내야 한다. 자외선을 차단하여 얼굴에 발생하는 활성산소도 줄여야 한다.

결국 습관의 변화가 얼굴의 염증을 줄이고 작은 얼굴도 만들 수 있다. 바탕질의 손상은 붓는 얼굴의 원인이 된다. 얼굴이 커지고, 피부도 푸석해지며, 인상마저 좋지 않게 된다. 붓는 얼굴 개선의 첫걸음은 염증 관리와 활성산소 관리다. 바탕질이 좋아야 얼굴이 붓지 않고 건강해진다. 얼굴이 작아지고, 피부의 탄력도 좋아진다. 바탕질 미인이 진정한 미인인 이유다.

(건강다이제스트/이하영)

# 작고 예쁜 얼굴형 만들기

## 사각턱을 V라인으로 만들어라

사각턱은 얼굴형을 판단할 때 아주 많은 부분을 차지한다. 선천적으로 사각턱을 가진 사람도 있지만, 후천적인 영향으로 사각턱이 되는 사람도 많다. 음식을 씹을 때 사용하는 근육인 저작근은 얼굴에서 많은 면적을 차지하기도 하고, 작은 얼굴을 만들 때 아주 중요하게 여기는 근육이다. 저작근 관리만 잘해도 사각턱을 V라인으로 만드는 데 효과가 있다. 저작근 관리는 건강 측면에서도 아주 중요하게 다룬다

마른오징어를 많이 씹으면 사각턱이 된다는 소리를 한 번쯤은

들어봤을 것이다. 음식을 한쪽으로만 씹어서 얼굴이 비대칭 됐다는 사람도 많이 보았다. 사각턱은 저작 활동과 관련이 깊기 때문이다. 관리실을 찾는 고객 중에 많은 사람이 저작근에 불편함을 느낀다. 치아 교정 후 얼굴형이 변형됐다는 사람도 있다. 저작근이 한쪽으로만 긴장되거나 유연성이 떨어지면 얼굴 비대칭뿐 아니라 골반이 틀어지고 다리 길이가 달라지는 체형 변화가 올 수도 있다. 반대로 골반이 틀어지면 얼굴 비대칭이나 턱관절에 영향을 미치기도 한다. 인체는 유기적으로 연결되어 있기 때문에 한 곳의 문제가 다른 곳에 문제를 일으킨다.

입을 천천히 크게 벌릴 때 턱관절에서 소리가 나는지 체크한다. 입을 벌렸다 다물었을 때 일자로 벌어졌다 일자로 다물어지는지 체크한다. 입이 지그재그로 벌려지거나 다물어지지는 않는지 체크한다. 정면을 보았을 때 턱 끝이 한쪽으로 치우치지는 않았는지 체크한다. 이 모든 것이 저작근 유연성과 관련이 깊다. 긴장한 저작근을 탄력 있게 만들면, 턱관절의 문제도 완화할 뿐 아니라 사각턱이 V라인으로 예뻐질 수 있다.

저작근의 대표적인 근육은 측두근, 교근, 내측익돌근, 외측익돌근이다. 사각턱, 턱관절, 얼굴 크기, 비대칭 같은 얼굴의 미용적인 측면을 해결하려면 반드시 4가지 저작근을 관리해야 한다.

### ① 측두근

작은 얼굴을 만들려면 측두근부터 관리해야 한다. 측두근에 손을 올리고 입을 움직이면 측두근이 움직이는 게 느껴진다. 측두근은 하악골아래턱에 붙어 있어서 하악골을 균형 있게 만들어 준다. 교근과 함께 측두근은 하악을 거상하는 근육이다 보니 얼굴 처짐과 밀접한 관련이 있다. 처진 얼굴의 리프팅은 물론 사각턱, 팔자 주름, 눈주름, 얼굴 비대칭과도 연관성이 크다.

입을 벌리거나 다물었을 때 일자로 벌어지거나 다물어지지 않고 지그재그로 나타나는 사람이 매우 많다. 이는 측두근의 긴장으로 나타난다. 턱을 닫는 역할을 하는 측두근과 교근을 함께 관리해주면 효과적이다.

날씨가 추울 때 밖에 나가면 나도 모르게 치아가 떨릴 때가 있다. 측두근이 아래턱인 하악골에 붙어 있기 때문인데 측두근은 온도 변화에 민감해서 추위에 손상을 입으면 치아가 떠는 현상으로 나타난다. 측두근의 과도한 긴장은 얼굴 비대칭, 편두통, 상악치통, 코막힘, 이명을 유발하기도 한다. 아울러 위장 기능이나 혈액 순환과도 깊은 연관이 있는 근육이다. 흉쇄유돌근, 교근과 함께 뇌의 혈액 순환에 영향을 미친다. 나쁜 자세나 운동 부족, 스트레스와 과로가 원인이 되기도 하고, 거북목과 일자목도 측두근을 긴장하게 만든다. 그림으로 나타낸 '측두근 관리' 방법을 따라 하면 측두근 문제를 해결할 수 있다.

<그림 4-1> 측두근

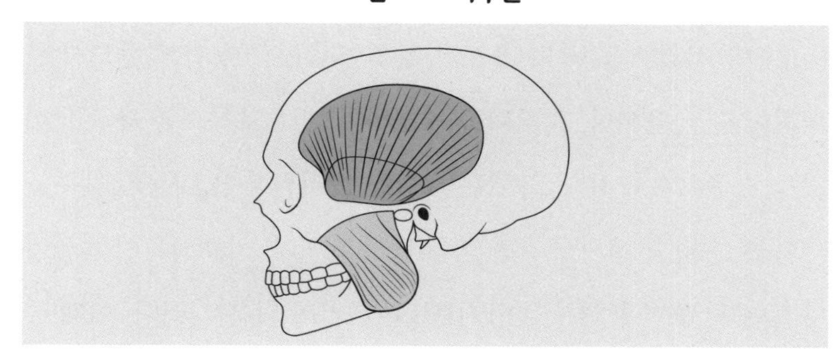

## 측두근 관리

- 주먹을 쥐고 너클을 만들어 측두근에 올린다.
- 너클을 두피에 고정한 상태에서 너클을 이용해 좌우로 왔다갔다 한다. 측두근 전체를 시행한다. 최대한 머리카락 소리가 나지 않도록 한다.

- 측두근에 양손 네 손가락을 올리고 양쪽으로 당기듯 벌려준다.

## ② 교근

교근은 사각턱을 V라인으로 만들려면 측두근과 함께 반드시 관리해야 할 근육이다. 사각턱을 해결하기 위해 보톡스를 가장 많이 맞는 근육이기도 하다. 교근은 하악을 올려서 입을 다물게 해주는 역할을 한다. 인체에서 가장 힘이 센 근육이다. 차력사들이 자동차나 무거운 물건을 입으로 당기는 걸 본 적이 있을 것이다. 이때 사용하는 근육이 교근이다. 교근에 이상이 생기면 두통이 오거나 부정교합이 될 수 있고 체형이 틀어지기도 한다.

교근은 뇌로 혈액을 올릴 때 펌프작용을 한다. 흉쇄유돌근의 기능이 떨어지면 교근에도 영향을 미치므로 흉쇄유돌근 → 측두근 → 교근 순으로 풀어주면 좋다. 세 근육을 한 세트로 생각하고 풀어줘야 한다.

**<그림 4-2> 교근**

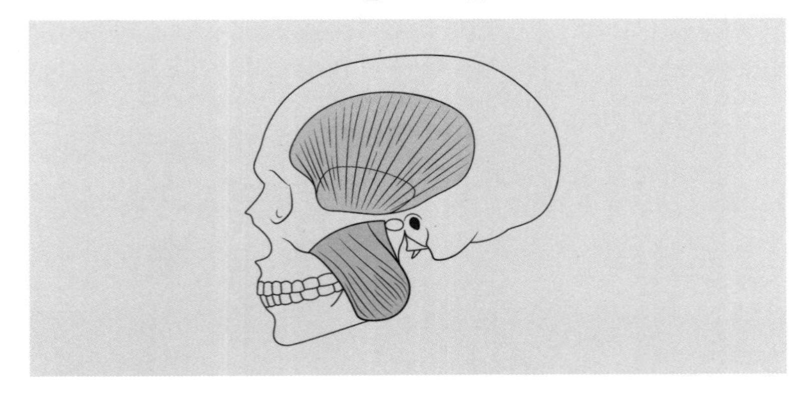

### 교근 관리

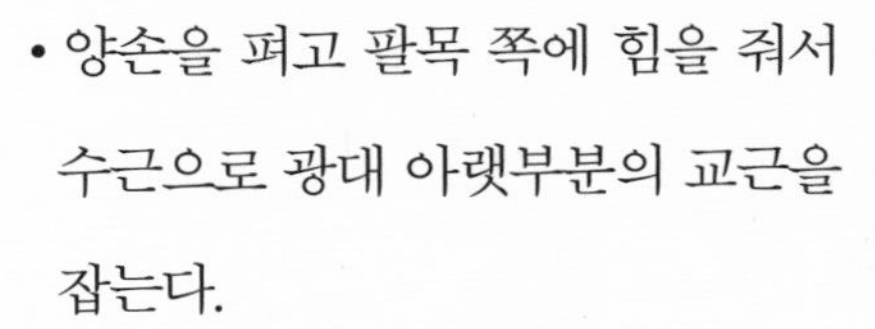

교근이 시작하는 기시점은 협골궁옆광대이다. 다음은 교근을 스트레칭하여 탄력 있게 만드는 동작이다.

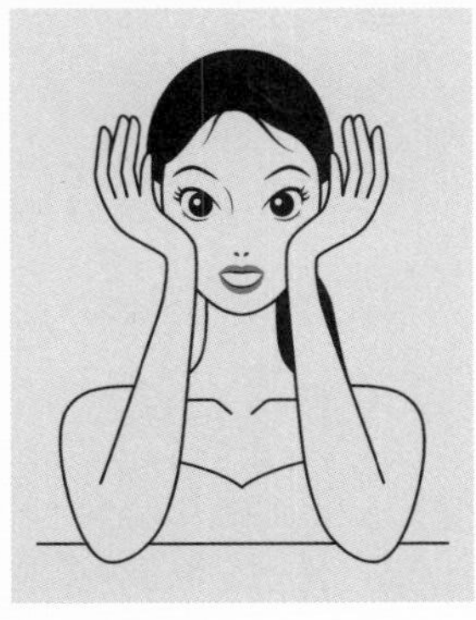

- 양손을 펴고 팔목 쪽에 힘을 줘서 수근으로 광대 아랫부분의 교근을 잡는다.
- 수근으로 교근이 빠지지 않게 유지한 채 입을 최대한 벌려서 교근을 늘린다. 5초간 유지, 5세트를 진행한다.

손에서 근육을 놓치지 않고 고정을 잘 해주는 게 포인트다. 책상에 팔을 올리고 하면 손이 밀리지 않아 고정하기 쉽다. 양쪽 교근을 동시에 하지 않고 한쪽씩 해도 된다. 비대칭이 심하면 긴장되거나 더 큰 쪽의 교근을 더 많이 스트레칭한다.

## 틀어진 턱 비대칭 관리법

턱관절에 문제를 일으키는 근육은 저작근이다. 저작근은 측두근, 교근, 내측익돌근, 외측익돌근 4개 근육으로 되어 있다. 측두근과 교근은 앞에서 알아봤고, 여기서는 내측익돌근과 외측익돌근을 살펴보자.

<그림 4-3> 내측익돌근

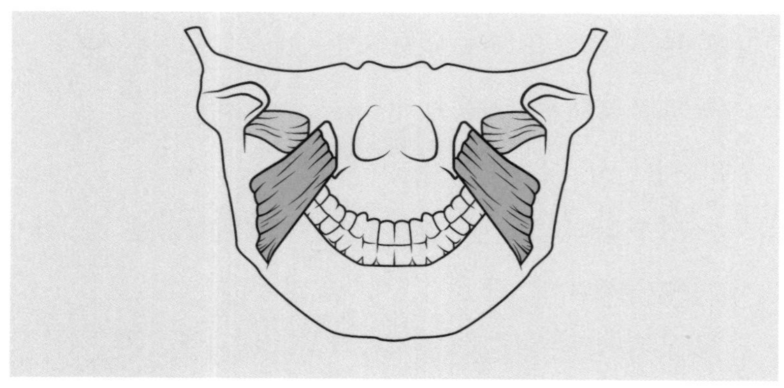

### ① 내측익돌근

턱이 한쪽으로 틀어졌을 때 관리해주는 근육이다. 내측익돌근은 얼굴 안쪽에 있어 밖에서 볼 수 없다. 어금니로 음식물을 씹을 때 사용하는 근육이다. 한쪽 어금니로 음식물을 씹으면 반대쪽으로 턱관절을 움직이도록 한다. 오른쪽 내측익돌근이 수축하면 턱은 왼쪽으로 이동한다. 턱이 왼쪽으로 틀어져 있으면 오른쪽 내측익돌근의 긴장을 풀어주고 반대로 턱이 오른쪽으로 틀어져 있으면 왼쪽 내측익돌근의 긴장을 풀어준다. 턱의 틀어짐은 외측익돌근과 함께 관리한다.

이를 갈거나 이를 악물거나 오징어를 많이 씹어도 내측익돌근이 긴장할 수 있는데 과부하가 생기면 혀, 목구멍, 입천장, 귀까지 방사통을 유발한다. 치아에는 통증을 일으키지 않지만, 입안 통증으로 인해 치과 문제로 오인하기도 한다. 부정교합을 만드는 근육인데, 부정교합을 고치려면 내측익돌근뿐 아니라 저작근을 모두 스트레칭하거나 강화해야 한다. 외측익돌근은 하악각의 내측에 정지해 있어서 외부에서는 잘 만져지지 않는다. 내측익돌근을 손으로 누르면 압통이 느껴진다. 하악각에 손을 넣어서 아픈 곳을 찾아 마사지한다.

### 내측익돌근 관리

턱이 한쪽으로 틀어져 비대칭이 됐을 때 긴장을 풀어주면 효과적이다.

하악각 내측에 내측익돌근이 있다. 사각턱 시작 부분부터 귀 뒤쪽까지 3~4등분으로 나누어서 긴장을 푼다. 이때 엄지손가락에 내측익돌근을 지지하면서 천천히 입을 벌리고 5초간 유지한다. 자리를 이동하면서 풀어준다. 손가락에 지지

하면서 입을 벌리면 지렛대 효과로 강한 압을 넣을 수 있다. 턱이 틀어진 방향 10회, 턱이 틀어진 방향 30회를 실시한다.

### ② 외측익돌근

턱이 틀어지거나 턱을 벌릴 때 소리가 난다면 관리가 필요한 근육이다. 외측익돌근이 과도하게 긴장하면 입을 벌리기 불편할 수 있고, 턱관절 탈구나 안면 비대칭이 오기도 한다. 외측익돌근 심부 근육은 관절원반턱 디스크에 붙어 있다. 직접 턱 디스크에 붙어 있어 턱관절 장애와 연관이 크다. 턱을 벌릴 때 딱 소리가 난다면 외측익돌근의 과도한 긴장부터 해결해야 한다. 내측익돌근처럼 음식을 씹을 때 왼쪽 턱으로 씹으면 우측으로 턱을 보낸다. 턱이 한쪽으로 틀어지면, 틀어진 반대쪽 내측익돌근과 외측익돌근 긴장을

**<그림 4-4> 외측익돌근**

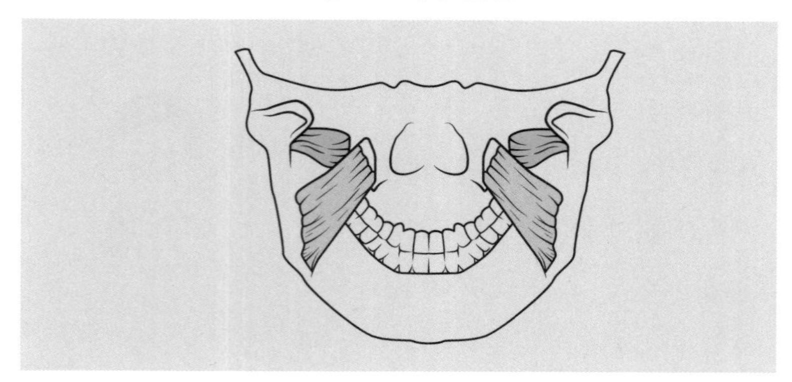

풀어준다.

거북목처럼 머리를 앞으로 과하게 향하는 자세는 외측익돌근에 문제를 일으킨다. 잠을 잘 때 이를 갈거나 이를 악무는 습관에 영향을 받고, 하지 길이 비대칭과도 연관이 크다.

턱을 틀거나 벌릴 때 소리가 나거나 지그재그로 벌어진다면, 측두근 → 교근 → 내측익돌근 → 외측익돌근 순으로 스트레칭하거나 과도한 긴장을 풀어준다. 턱을 앞으로 빼는 동작을 가능하게 하는 근육이라 턱을 잡고 반대로 밀어주는 방식으로 스트레칭을 하면 도움이 된다.

외측익돌근은 외부에서 직접 만져지지 않는 심부 근육이다. 얼굴 정면에서 보면 광대뼈 바로 밑인 교근 뒤에 위치하여 간접 촉진으로 근육의 긴장을 풀어준다.

### 외측익돌근 관리

외측익돌근은 직접 촉진할 수 없어서 간접적으로 촉진하거나 스트레칭으로 긴장을 풀어준다. 내측익돌근과 함께 턱을 한쪽으로 틀어지게 만드는 근육이다.

- 광대밑, 귀앞 안쪽 악관절 부위에

외측익돌근은 위치해 있다. 그 부분에 엄지손가락을 대고 압을 준다. 입을 다물고 3초, 입을 벌리고 3초간 압을 준다. 총 10회 실시한다.

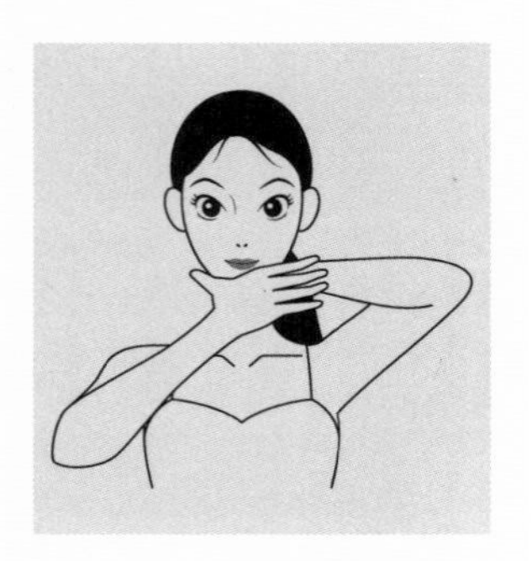

- 턱을 앞으로 빼는 동작을 하기 때문에 엄지와 검지로 턱을 잡고 뒤로 밀어주는 동작을 한다. 반대 손은 목 뒤를 잡고 고정한다. 입이 벌려지지 않도록 한다. 5초간 5회 실시한다.

## 3 시원하고 뚜렷한 이목구비 관리

### 다크써클과 눈주름 해결법

현대인은 신체 나이는 갈수록 젊어지는데 눈만 유독 빨리 늙는다. 각종 전자파 영향이 크다. 나도 밤새워 컴퓨터를 하거나 공부하는 시간이 많다 보니 이른 나이에 노안 초기 증상이 왔다. 돋보기를 쓸 정도는 아니지만 작은 글씨가 흐릿하다. 여드름 고객이 많을 때 몇 시간을 쉬지 않고 여드름 압출만 한 적이 있었다. 이때 한 곳에 집중하다 보니 시력이 갑자기 나빠졌다. 그 덕분에 웬만한 간호사보다 압출만큼은 실력이 좋다고 자부하지만 노안을 선물로 얻었다.

한 곳만 주시하거나 전자파를 많이 쬐면 시력 악화 속도가 빨라진다. 잘 보이지 않으니 자꾸 눈을 찌푸리게 되어 눈주름과 미간주름이 3종 세트로 찾아온다. 아무리 바쁘고 힘들어도 잠시 먼 산을 한 번씩은 바라보는 여유부터 챙겼으면 좋겠다.

인상학적으로 눈은 변화가 가장 많다. 코, 입 볼의 변화는 눈에 비하면 크지 않다. 색이 좀 짙어졌는지 아닌지, 광채가 나는지, 살이 좀 채워졌는지 보지만 눈으로는 살아온 흔적을 볼 수 있다. 삶에 찌들거나 힘들면 나도 모르게 인상을 쓰고 눈살을 찌푸리게 된다. 항상 웃고 다니는 사람은 눈가 주름부터 다르다. 주선희 씨는 《얼굴 경영》에서 눈을 '정신이 머무는 집'으로 표현했다. 정신과 육체가 건강해야 좋은 눈을 가질 수 있다는 뜻이다. 자주 웃고 자기표현을 잘하면 눈매가 편안하고 예쁘다. 일을 즐기며 하되 이길 수 있어도 져주는 마음의 여유가 있어야 부드럽게 빛나는 눈이 된다.

눈을 둘러쌓고 있는 안륜근과 측두근을 잘 풀어주면 눈주름과 눈 밑 다크써클을 예방할 수 있다. 좌우상하 한 바퀴 돌리는 눈 운동도  틈틈이 해야 한다. 눈을 따뜻하게 해주는 찜질팩도 좋다. 일과가 끝나면 따뜻한 찜질팩을 하루 20분 정도 올리면 눈의 긴장을 풀어주어서 혈액 순환에 좋고 안구건조증에도 도움이 된다.

## 눈 근육 관리

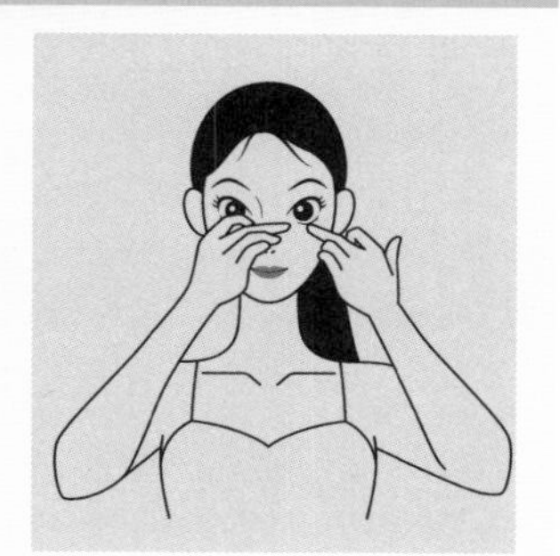

- 눈썹을 손으로 당겨서 위로 고정하고 3초간 눈을 감는다. 눈두덩이 탄력이 좋아진다. 눈썹을 5등분하여 따라가면서 눈썹 안부터 끝까지 진행한다.
- 눈 둘레의 뼈를 지그시 누른다. 눈의 위아래 모두 돌아가며 누른다. 근육을 만진다는 느낌으로 천천히 깊게 누른다.
- 눈꼬리에 양쪽 손가락을 올리고 위아래로 벌린다. 살이 쓸리지 않게 지그시 누르면서 눈꼬리 주름을 펴준다.
- 양쪽 가운데 손가락을 눈 아래 안쪽에 놓는다. 한 손가락은 안쪽을 고정하고 다른 손가락은 눈 둘레인 안륜근을 따라 지그시 누르면서 이동한다.
- 눈꼬리까지 왔으면 눈꼬리에서 관자놀이를 지나 측두근까지 압을 주면서 이동한다. 측두근을 함께 풀어야 효과가 좋다.

※ 주의사항이 있다. 눈에는 모공도 없고 피지도 없다. 피부 두께가 다른 피부의 약 1/4밖에 되지 않는다. 자극을 주면 눈에 주름이 갈 수 있다. 피부보다는 안에 있는 근육을 만지는 느

낌으로 가볍게 해야 한다. 건조한 상태로 하면 안 되고 가볍게 크림을 바르고 진행한다.

## 다크 서클을 완화하는 5가지 자연요법

**1. 오이:** 오이의 수렴 성분은 다크서클 완화에 효능이 좋다. 피부 색깔을 밝게 하고, 그 부위 혈류를 늘리며, 눈 아래 주머니 크기를 줄이는 효과가 있다.

<방법>

① 오이를 얇게 썰어서 냉장고에 넣어둔다.

② 다크 서클 위에 10~15분 정도 붙여 놓는다.

③ 따뜻한 물로 헹군다.

**2. 녹차 티백:** 녹차에는 항산화 물질이 풍부하다. 녹차 티백은 다크서클을 옅게 하고 염증과 붓기를 가라앉힌다. 다음 방법을 하루에 2번 정도 해보자.

① 녹차 티백 2개를 10분간 우린다.

② 그 후 녹차 티백을 30분간 냉장 보관한다.

③ 차가워진 티백을 15분간 눈 위에 얹어둔다.

**3. 우유:** 우유의 젖산과 단백질과 효소, 아미노산, 항산화 물질 등은 진피층을 탄탄하게 가꾸고 손상된 피부 회복에 효과가 있다. 다음 방법을 하루에 3~4번 정도 반복하는 것이 좋다.

① 화장 솜을 차가운 우유에 적신다.

② 눈 밑에 화장 솜을 붙인 뒤 솜이 미지근해질 때까지 기다리자.

**4. 토마토:** 토마토의 풍부한 항산화 물질이 다크서클 완화에 아주 좋다.

① 토마토를 간다.

② 레몬즙 반 숟갈과 밀가루 2숟갈을 넣는다.

③ 모든 재료를 잘 섞어 부드러운 반죽으로 만든다.

④ 반죽을 다크서클 부위에 15분간 발라놓은 뒤 따뜻한 물로 헹군다.

**5. 코코넛 오일:** 코코넛 오일은 눈 밑의 연약하고 얇은 피부에 수분을 공급한다.

① 눈과 다크 서클 주변에 코코넛 오일을 바르고 원을 그리며 부드럽게 마사지한다.

② 다음 날 아침에 따뜻한 물로 씻는다.

mcontigo.com (건강을 위한 발걸음)

## 오뚝한 코와 예쁜 입 만들기

코는 얼굴 중심에서 인상을 크게 좌우한다. 코가 시작하는 부분부터 콧날까지 쭉 뻗어 내려온 코가 잘생긴 코다. 코는 얼굴의 중심축이기 때문에 코의 모양이나 높이에 따라 얼굴의 전체적인 이미지가 달라진다. 오뚝한 코는 얼굴에 입체감을 주고 시원하고 뚜렷한 인상을 만들어 준다.

좋은 입술은 입술선이 뚜렷하고 끝이 약간 올라가며 적당한 크기의 붉은 기운이 도는 입술이다. 평소 잘 웃으면 다물고 있어도 웃는 인상이 된다. 고민이 많고 화를 잘 내면 입술이 오므라든다. 입술 주름은 보기에도 안 좋고 나이 들어 보이게 만든다. 입술 주름을 없애려면 앞에서 한 얼굴 스트레칭 요령과 함께 다음에 소개할 입술 관리를 참고하면 좋다.

이와 더불어 챙겨야 할 방법이 더 있다. 첫째는 꼼꼼한 세안이다. 세안의 중요성은 앞에서 이미 강조했다. 립스틱 혹은 색조 립 메이크업 후에 깨끗이 클렌징을 해야 한다. 제대로 닦아내지 않으면 입술이 건조해지며 입술 주름을 만들기도 한다. 입술이 건조할 때 침을 바르면 더욱 건조하게 만들어 좋지 않다. 입술보호제를 발라주면 입술 주름 생성을 막을 수 있다.

## 코와 입술 관리

### ■ 코 관리

짧은 코가 길어 보이며 오뚝한 코를 만드는 데 효과적이다.

• 추미근코 가장 윗부분으로 눈썹이 시작하는 안쪽을 엄지손가락이 대각선 방향으로 지지하고 반대 손 가운뎃손가락으로 코 측면을 타고 코볼 부근인 영양 혈점까지 타고 내려온다. 긴 코가 짧아 보이며 오뚝한 코를 만드는 데 효과적이다.

• 위와 반대로 반대쪽 가운뎃손가락으로 영양 혈점을 지지해주고 엄지손가락으로 코 측면을 따라 추미근까지 간다. 추미근에 압을 넣어 3초간 고정한다. 코에 비대칭이 심할 때는 양쪽을 다르게 실시하면 좋다.

• 코를 오뚝하게 해주고 콧볼을 좁혀준다. 엄지와 검지로 코의 중앙부인 비근을 잡고 안으로 모아서 올려준다.

■ 입술 관리

입술 주름을 줄여주고 자연스럽게 웃는 동작을 만들어 준다.

• 왼쪽 입꼬리에 양손 가운뎃손가락을 올려놓는다. 한 손은

입술 끝을 지지하고 다른 한 손은 아랫입술을 오른쪽 입꼬리 끝까지 지그시 누르고 이동하면서 입꼬리를 올린다.

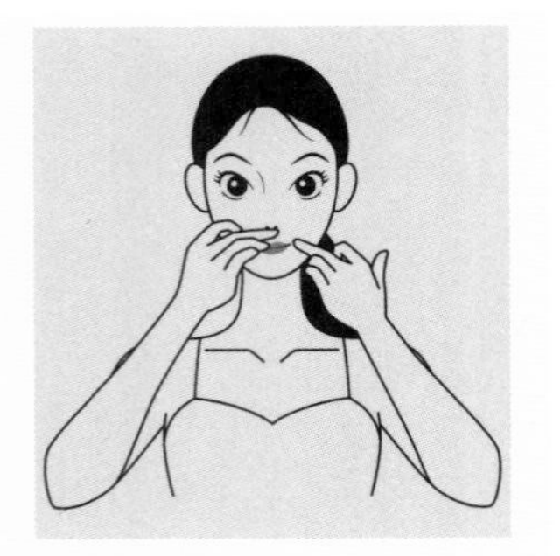

- 오른쪽 입술을 지지하고 왼쪽 입술 끝까지 간다.
- 윗입술도 동일하게 한다.

※ 입술을 당길 때 입술이 건조해서 찢어지지 않도록 크림을 소량 바른다.

## 팔자 주름 없는 예쁜 광대 만들기

평면적인 얼굴에서 입체적인 얼굴이 되면 사진을 찍어도 예쁘다. 반면 옆 광대가 나오고 팔자 주름이 있으면 팔자가 세 보이고 인상학적으로도 좋지 않다. 옆 광대를 줄이고 팔자 주름을 효과적으로 관리하면 얼굴이 작아지고 처진 근육이 다시 올라가는 효과까지 있다. 귀 뒤쪽 근육들이 협착하면 옆 광대가 도드라진다. 이때 흉쇄유돌근에 붙어 있는 유양돌기를 관리해야 한다. 유양돌기 근육에 문제가 생기면 두통, 불면증, 턱관절 통증이 유발될 수 있다.

귀는 몸 밖에 있는 뇌와 같아서 인체의 축소판이라고 한다. 귀는 인체의 반사구라 귀를 보고 건강을 진단하기도 한다고 한의사들은 얘기한다. 예를 들어 귀가 핏기가 없고 하얀색을 띠면 몸을 지탱하는 좋은 힘이 빠져서 오장육부가 제대로 구실을 못한다는 뜻이라고 한다. 반대로 귀가 벌건 상태면 나쁜 기운이 넘치는 상태로 맥이 빠르고 열이 나는 것이라고 한다. 전문가들은 귀의 색깔, 변형, 구진, 혈관 상태, 통증으로 건강 상태를 진단하는데, 전문가는 다양한 상태에서 90%의 정확한 진단을 내릴 수 있다고 한다.

나이가 들수록 귀가 경직되면서 귀가 뒤로 눕는다. 귀 뒤쪽 근육들이 협착하면서 귀를 뒤로 끌어당기는 현상 때문이다. 귀만 경직된 게 아니라 광대도 벌어지고 얼굴도 커진다. 귀를 포함해서 앞뒤로 경직되고 협착한 근육을 풀어주면 좋다. 정면에서 봤을 때 양쪽 귀가 대칭으로 잘 보여야 한다.

### 예쁜 광대 관리

■ 귀 앞쪽 풀어주기

옆 광대를 줄이는 데도 효과적이지만, 삼차신경이 지나가는 자리기 때문에 전두통, 이명, 눈, 코 등 안면신경에 관련된 부분에도 도움이 된다.

귀 바로 옆 귓불 시작점부터 측두근까지 엄지손가락으로 압을 주면서 올려준다. 헤어라인을 지나 약 4~5cm 지나서 측두근까지 쓸어준다. 10회 반복한다.

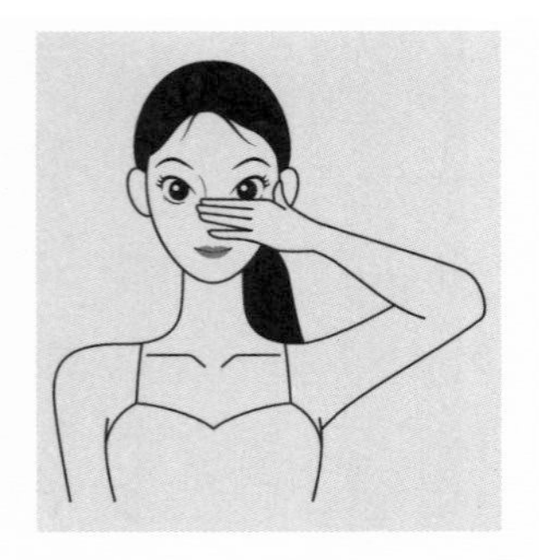

■ 귀 만지기

긴장한 귀를 이완하면 예쁜 광대와 작은 얼굴을 만드는 데 효과적이다

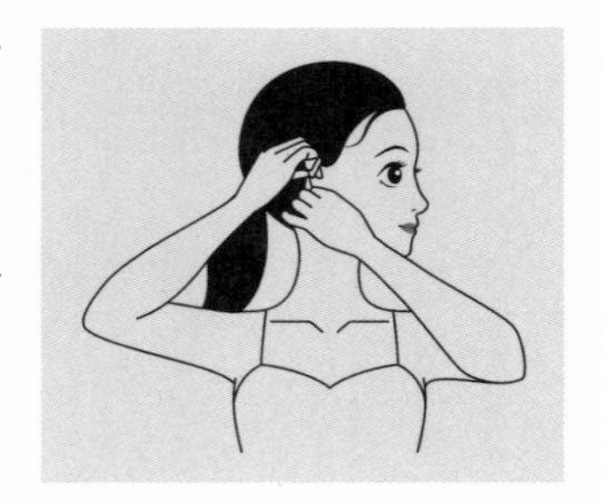

- 귀 위쪽과 아래쪽을 통째로 잡고 위아래로 이동한다.
- 귀를 통째로 잡고 앞으로 뒤로 이동한다.
- 귀 위아래를 접어가면서 구긴다.
- 귓불을 늘린다.
- 귀의 가장자리를 잡고 당긴다.

■ 광대 잡고 지그재그

- 양손의 엄지와 검지로 광대 앞의 근육을 크게 잡고, 한 손은

올리고 다른 한 손은 내리면서 지그재그로 움직여준다.

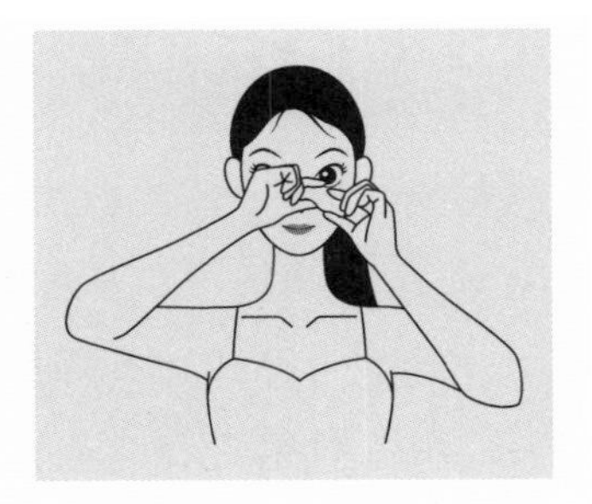

- 코 옆에서 시작해서 귀 방향으로 잡히는 곳까지 지그재그 한다. 5회 반복한다.

■ 유양돌기 부근 밀어주기

유양돌기는 귀 뒤에 있는 돌기 모양의 뼈다.

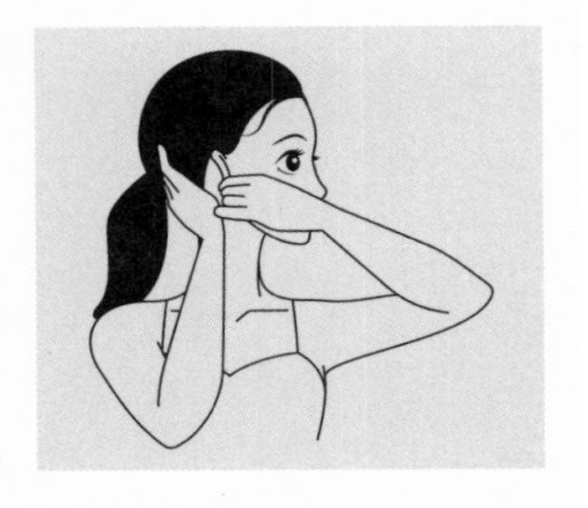

- 의자에 앉아 팔꿈치를 책상에 올려놓는다.
- 손목과 가까운 손바닥 부분인 수근을 귀 뒤 유양돌기에 올려서 귀 뒤로 압을 주면서 밀어주고, 반대쪽 손은 귀를 앞으로 잡아당긴다.
- 양쪽으로 벌리는 느낌으로 하되, 유양돌기 부분은 귀 중심에서 바깥 방향인 머리 뒤통수 쪽으로 밀어준다. 귀 위쪽부터 유양돌기 아랫부분까지 이동하면서 밀어준다.

## 작고 예쁜 얼굴 윤곽선

작은 얼굴, 예쁜 윤곽선을 갖고 싶은 건 모든 여성의 바람이다. 얼굴 윤곽선이 곱고 부드러울 때 좋은 인상이 된다. 윤곽 관리 전후 석고를 떠보면 얼굴 윤곽선 각도가 다르다. 석고가 작아진 건 기본이고, 광대선, 턱선 각도가 눈에 띄게 부드러워진다. 얼굴 윤곽을 예쁘게 만들 때 얼굴만 만지면 효과가 떨어진다. 두피, 목 근육, 골반 틀어짐 현상도 얼굴 윤곽에 영향을 미치기 때문이다. 사람 얼굴은 평소의 습관에 영향을 받아 변한다. 관리가 중요한 이유다. 관리 여부에 따라 안면 윤곽이나 턱선이 예쁘게 만들어지기도 하고 그렇지 않기도 하다. 안면 윤곽에 영향을 미치는 원인은 크게 세 가지다.

첫째는 골반 · 흉추 · 경추가 틀어진 경우다. 골반이 불안정하거나 틀어져서 그 위에 있는 흉추와 경추까지 변형되면 안면 윤곽에 영향을 준다. 무릎관절이 변형되어도 얼굴이 비대칭이 되기도 한다.

둘째는 뒤통수와 두개골 봉합선 부분에 순환 장애가 있는 경우다. 뒷머리 부분에 심한 굴곡이 있으면 안면까지 영향을 미친다.

셋째는 오장육부에 문제가 발생한 경우다. 인체의 신진대사를 유지하는 오장육부의 문제도 얼굴에 영향을 끼친다. 얼굴만 보고도 사람의 건강 상태를 추측할 수 있는 이유다.

이런 문제를 해결하려면 평소의 생활 습관을 바꿔야 한다. 스마트폰이나 컴퓨터를 볼 때 고개를 앞으로 빼는 자세, 턱을 괴는 자세, 식사할 때 음식물을 한쪽으로만 씹는 동작도 얼굴 윤곽을 망가뜨린다. 다리를 꼬고 앉는 자세도 안 좋다. 자세한 내용은 5장에서 살펴보고 여기서는 얼굴 비대칭에 큰 영향을 미치는 골반 건강과 척추 건강을 유지하는 습관에 대해 살펴보자.

1. 서는 자세: 골반 너비만큼 똑바로 선다. 어깨와 허리에 힘을 빼고 상체와 가슴을 펴고, 가슴은 내밀지 않으며, 고개를 꼿꼿이 세우고 턱은 집어넣는다. 귀는 어깨 중앙에서 약간 뒤쪽에 자리 잡게 한다. 어깨를 뒤로 펴고, 무릎을 바로 세우되 너무 뒤로 힘을 줘서 버티는 느낌보다는 살짝 힘을 빼주는 게 좋다. 발바닥은 엄지발가락 아랫부분, 새끼발가락 아랫부분, 뒤꿈치 삼면에 골고루 힘이 분산되도록 하고 아치가 무너지지 않게 선다. 배는 안으로 집어넣고 배의 힘으로 서서 엉덩이가 뒤로 빠지지 않아야 한다. 머리를 누군가 위에서 당기는 느낌이 들 만큼 몸을 똑바로 편다. 척추 모양이 S 모양이 되어야 좋은 자세다. 당당한 자세로 서 있으면 기분도 좋아지고 날씬하게 보일 수도 있다. 키를 잴 때 벽에 기대어 선 모습을 떠올린다.

2. 걷기 자세: 서 있을 때는 골반 너비로 서 있지만 걸을 때는 골반 너비보다 간격을 좁게 걷는다. 발끝을 십일 자로 하고 가슴을 펴고 상체를 곧게 세우고 고개를 세워 턱을 약간 든 자세로 걷는다. 걸을 때 중요한 건 발바닥이 바닥에 닿는 위치다. 발뒤꿈치에서 약간 바깥쪽이 첫 번째로 땅에 닿고 새끼발가락이 두 번째로 닿고 마지막에 엄지발가락이 바닥에 닿아야 한다. 아치가 무너지지 않는 게 중요하다.

3. 앉는 자세: 구부정하게 앉지 않는다. 척추에 좋지 않다. 등뼈를 똑바로 세우는 데 필요한 뼈 근육 관절에 부담을 주기 때문이다. 구부정한 자세는 내장에도 영향을 준다. 폐와 장이 활동하기 어렵게 만들어 소화불량 호흡곤란을 초래할 수 있다. 한쪽 다리만 꼬는 자세는 골반이 틀어지는 가장 큰 이유다. 두 발바닥이 바닥에 닿게 하고 발바닥과 무릎과 골반은 11자로 앉는 게 좋다. 엉덩이를 앞으로 빼지 말고 뒤로 해서 의자 등받이에 닿도록 한다. 배에 힘을 주고 허리의 힘이 아니라 배의 힘으로 앉는다.

4. 수면 자세: 불편한 소파에 눕기보다는 척추의 자연스러운 모양을 유지하는 데 도움이 되는 단단한 매트리스에 누워 잔다. 옆으로 누워 자는 사람은 무릎을 약간만 굽히고 지나치게 위로 올리지

않는다. 반듯이 누워 자는 사람은 두꺼운 베개 대신 작은 베개를 선택한다. 목 베개를 사용해 목만 받치고 머리 뒷부분은 바닥에 닿게 하고, 턱을 약간 들어서 뒤로 젖히고 목과 어깨는 힘을 뺀다.

5. 신발: 하이힐은 척추에 매우 안 좋다. 걸을 때 발바닥의 삼면이 닿으면서 걸어야 하는데 하이힐은 두 면밖에 닿지 않는다. 잘못된 걷기 자세로 척추가 휘거나 신경에 압력을 가할 수 있다. 요통을 유발하고 무릎에도 부담을 준다.

6. 복근 키우기: 배 주위에 지방이 많이 쌓이고 근육에 힘이 없으면 복근의 힘으로 몸을 지탱하지 못한다. 등을 힘없이 떨구게 되는 자세를 생각해보라. 복근 간격은 좁아지고 배꼽과 명치는 가까워진다. 등이 심하게 굽는 자세가 된다. 배꼽과 명치는 한 뼘 정도의 간격을 유지하는 게 좋다. 복근에 힘이 없으면 등이 굽게 되고 등의 스트레스가 심하게 쌓이게 된다. 척추를 지탱하기 위해서는 강한 근육이 필요하다. 몸과 척추를 최상의 상태로 유지하는 운동을 꾸준히 한다.

평소 올바른 자세를 취하고 다음에 알려주는 방법에 따라 얼굴 윤곽을 관리하면 작고 예쁜 얼굴 윤곽선을 만들 수 있다.

## 얼굴 윤곽 관리

### ■ 얼굴 윤곽

턱부터 측두근까지 얼굴 전체를 쓸어서 올려주는 동작이다. 처진 얼굴을 올리는 효과가 있다. 이 동작은 크림이나 오일을 약간 바르고 진행한다.

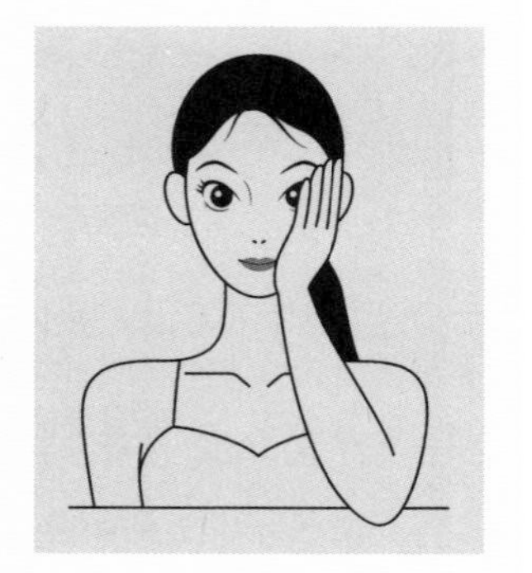

- 바닥을 펴고 손바닥 전체를 턱부터 볼에 올려놓는다.
- 손바닥 전체에 압을 주면서 측두근까지 올려준다. 책상에 앉아서 팔꿈치를 바닥에 대고 머리의 압으로 해주면 지렛대 효과로 강한 압을 느낄 수 있다. 5회 실시한다.
- 반대쪽도 동일하게 한다.

### ■ 광대 윤곽

광대 모양을 재배치할 수 있다.

- 광대에 손바닥의 움푹 패인 곳을 올려놓는다. 손바닥 전체가 밀착되어야 한다. 책상에 앉아 팔꿈치는 책상에 고정하

고 머리를 천천히 내린다. 광대에서 측두근까지 손바닥으로 쓸어준다. 눈을 피하려 하지 말고 눈을 감고 광대부터 측두근까지 그대로 올린다.

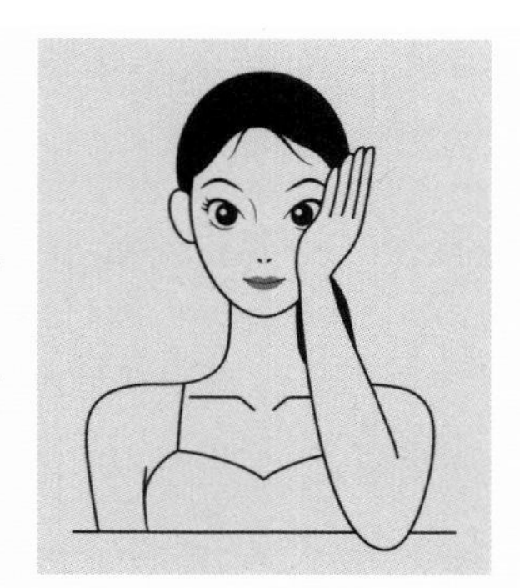

• 반대쪽도 동일하게 해준다.

# 5장

# 좋은 인상을 불러오는 자세

1

# 목 관리

## 예쁜 목선 만들기

건강하고 아름다운 얼굴은 곧 균형 잡힌 얼굴을 말한다. 균형 잡힌 얼굴을 만들고자 할 때는 얼굴의 주된 근육인 표정근뿐 아니라 주변 근육을 간과해선 안 된다. 머리를 높게 올려 묶거나 파인 옷을 입어서 목선이 드러날 때 예쁜 목선은 여성의 이미지를 아름답고 부드럽게 만들어 준다. 이것은 곧 건강의 상징이 되기도 한다. 반면 굽고 틀어지고 두꺼워진 목은 아름답지도 건강하지도 않다.

우리 관리실에는 결혼 전 찾아오는 예비 신부들이 유난히 많다. 예비 신부들이 원하는 관리도 얼굴 다음이 목선을 비롯한 웨딩라인이었다. 웨딩라인을 예쁘게 만들고 싶은 예비 신부들에게 무엇을 원하는지 조사해보았더니 다음과 같은 결과를 얻었다.

**예비 신부가 원하는 웨딩라인**

1. 목이 길고 가늘었으면 좋겠다.
2. 목주름이 없었으면 좋겠다.
3. 쇄골이 반듯하고 물이 고일 만큼 들어갔으면 좋겠다.
4. 볼록 솟아오른 승모근이 내려앉았으면 좋겠다.
5. 양쪽 어깨높이가 같았으면 좋겠다.
6. 어깨가 바로 펴졌으면 좋겠다.
7. 거북목인데 예쁜 C자 커브였으면 좋겠다.

아름다운 웨딩라인은 신부들에만 필요한 게 아니다. 건강한 아름다움을 원하는 모든 사람에게 필요하다. 예쁘고 건강한 목선을 만들기 위해 관리할 대표적인 근육으로는 광경근, 흉쇄유돌근, 사각근, 두장근, 경장근이 있다.

광경근은 얼굴 아래쪽에서부터 시작하여 대흉근과 삼각근의 상부 근막까지 넓고 얇게 분포되어 있다. 목주름을 만드는 대표적인 근육인 광경근은 입을 아래로 힘줘서 벌리면 목이 헐크처럼 핏대가 생겨서 헐크 근육이라고 부르기도 한다. 광경근은 매우 얇은 탓에 주름이 잘 생겨 나이를 감추기 어려운 근육이다. 광경근이 단축되면 입꼬리가 자동으로 내려가 얼굴이 처지고 쇄골은 들릴 수 있다.

**<그림 5-1> 광경근**

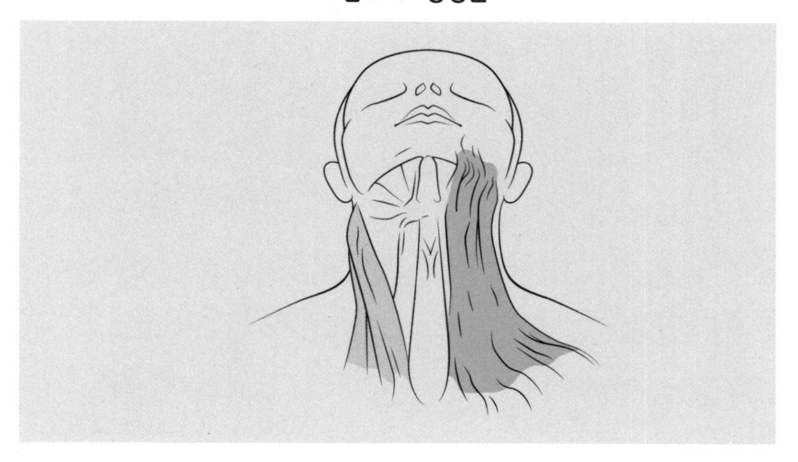

쇄골은 미적 가치뿐 아니라 건강과 관련해서도 매우 중요한 곳이다. 흔히 예쁜 쇄골을 말할 때 "쇄골 고랑에 물 한 바가지는 들어가야 한다"고 말한다. 건강한 쇄골은 물이 고일 만큼 움푹 파여야 한다는 뜻이다. 그렇지만 광경근, 흉쇄유돌근, 사각근이 단축되면 쇄골과 1번 늑골 사이 간격이 좁아지며 움푹 파여야 할 고랑이 보이지 않는다.

### 광경근 스트레칭

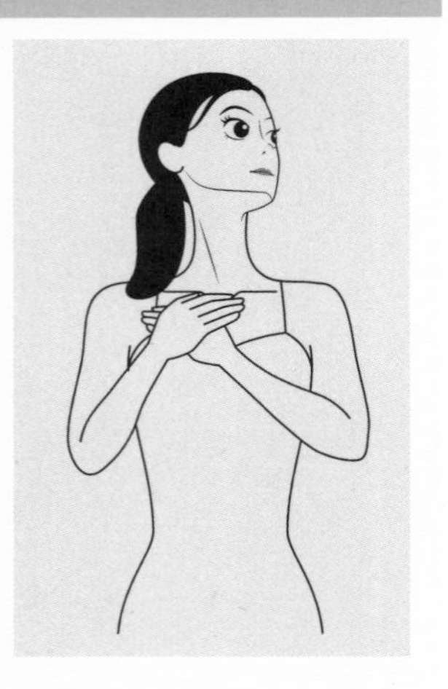

- 고개를 숙여서 한쪽 쇄골 아랫부분을 양손을 펴서 누른다.
- 양손은 힘을 줘서 고정한 채 고개를 들어 뒤로 스트레칭한다. 4~5등분으로 나눠서 양손의 위치를 이동하면서 스트레칭한다. 목이 최대한 당겨지는 느낌이 나야 한다. 이 동작은 흉쇄유돌근 스트레칭에도 좋다.

## 거북목, 목 디스크 탈출하기

현대인들은 아침에 기상과 함께 스마트폰으로 시작하여 버스, 전철에서도 스마트폰을 손에서 놓지 않는다. 잠들기 직전 마지막으로 보는 것 또한 스마트폰이다. 스마트폰과 컴퓨터를 많이 사용하는 현대인에게 빈번한 문제는 거북목과 굽은 등이다.

전방 머리 자세로 알려진 거북목은 상부흉추를 튀어나오게 하여 목덜미를 두툼하게 만들고 몸의 균형을 무너뜨린다. 그로 인해 목,

등, 어깨에 지속적인 통증을 일으키고, 불면증을 유발하기도 한다. 흔히 이것을 교정하기 위한 목적으로 시행하는 턱을 뒤로 당기는 동작은 무턱이나 이중 턱을 만들고, 심지어 안면 비대칭을 초래하기도 한다. 거북목은 팔 저림, 두통, 경추 디스크나 퇴행성 질환으로 이어지기도 한다. 거북목과 관련된 대표적인 근육은 흉쇄유돌근, 사각근, 두장근, 경장근이다.

### ① 흉쇄유돌근

흉쇄유돌근은 흉골, 쇄골, 유양돌기에 붙어 있어 얻은 이름으로, 위치만 봐도 흉쇄유돌근이 단축되면 쇄골 라인이나 안면 윤곽에 변형이 온다는 사실을 알 수 있다. 이와 같이 흉쇄유돌근의 단축은

**<그림 5-2> 흉쇄유돌근**

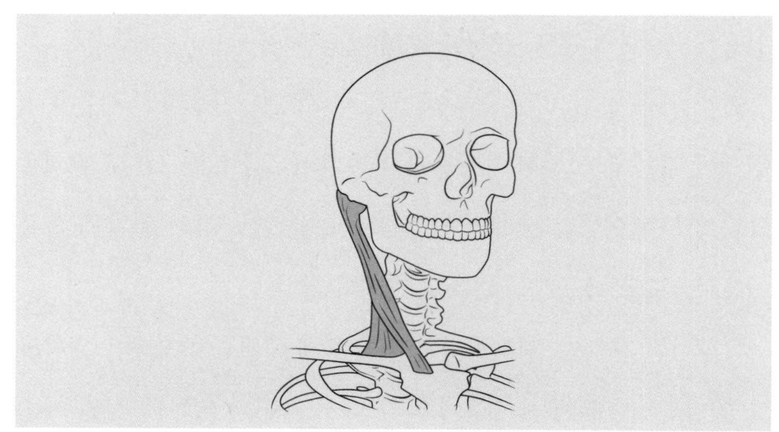

안면 비대칭을 야기하는 원인이 되기 때문에 관리에 특히 신경 써야 한다. 또한 흉쇄유돌근 주변으로는 혈관, 신경, 림프샘이 위치하는데, 이 근육이 긴장하면 목 혈관을 눌러 뇌압이 상승해 뇌 혈류와 관련된 문제를 일으킬 수 있다.

흉쇄유돌근은 뇌로 올라가는 혈액의 70~80%를 관장한다. 흉쇄유돌근의 긴장으로 경동맥이 압박을 받으면 혈압이 급격히 올라가며, 그것이 회복되는 과정에서 혈액량이 줄어들어 현기증을 일으킨다. 흉쇄유돌근의 이완은 두통과 어지럼증을 개선하는 데 도움이 될 수 있으며, 안면으로 가는 삼차신경이 분포되어 있어서 중풍과 치매에도 중요한 곳이다. 흉쇄유돌근의 긴장은 이비인후과적인 질병과도 관련이 있어 이명의 원인이 되기도 하는데, 귀에 이명이 있는 사람은 심한 경우 정신과 치료가 필요한 경우도 있다. 코가 답답하거나 비염이 발생하기도 하며 안압이 높아지거나 눈이 침침하고 안구통 같은 증상도 흔히 발생한다.

또한 이는 안면 비대칭과 머리가 한쪽으로 기울어진 사경증의 원인이 되는데, 선천적 사경증과 마찬가지로 후천적으로도 흉쇄유돌근이 한쪽으로 긴장하면 사경증을 유발한다. 특히 일자목 혹은 거북목은 흉쇄유돌근의 단축과 관계가 많다.

이상적인 경추의 형태는 옆에서 봤을 때 예쁜 C자 모양을 유지하고 있다. 머리 무게는 사람에 따라 다소 차이가 있는데 성인 기준 약 5~6kg 전후다. 하지만 거북목이나 고개 숙인 자세를 취할 경우, 그 범위가 1cm씩 커질수록 목에 가하는 하중은 2~3kg씩 늘어난다. 거북목이 심해질수록 수십 킬로의 돌덩이를 머리에 이고 다니는 것과 같은 부하를 받게 되는데, 이것이 목 디스크가 생기는 원인이 된다.

그러므로 평상시에 긴장된 근육은 풀어주고 약해진 근육은 강화하여 목을 건강하게 관리해야 한다. 하지만 주의사항이 있다. 흉쇄유돌근은 혈액이 뇌로 올라가는 길목에 위치하고 있어 평소 혈압이 높은 사람은 관리 압력을 지그시 가해주는 것이 좋다. 눈이 침침하거나, 비염이나 이명이나 두통이 있는 사람은 지금 바로 흉쇄유돌근을 풀어야 한다. 수시로 흉쇄유돌근을 풀어주는 것만으로도 이러한 문제를 예방할 수 있다.

## 흉쇄유돌근 관리

■ 흉쇄유돌근 정지점(끝나는 지점) 유양돌기 풀기

- 유양돌기귀 뒤 아래편 돌기모양의 뼈 바로 밑부분을 마사지한다.
- 골프공처럼 딱딱한 공이나 엄지손가락을 흉쇄유돌근 정지점에 올려놓고 가로로 끊어주듯이 마사지한다.
- 조금씩 목 방향으로 내려오면서 흉쇄유돌근 긴장을 풀어준다. 어지러우면 잠시 멈춘다.

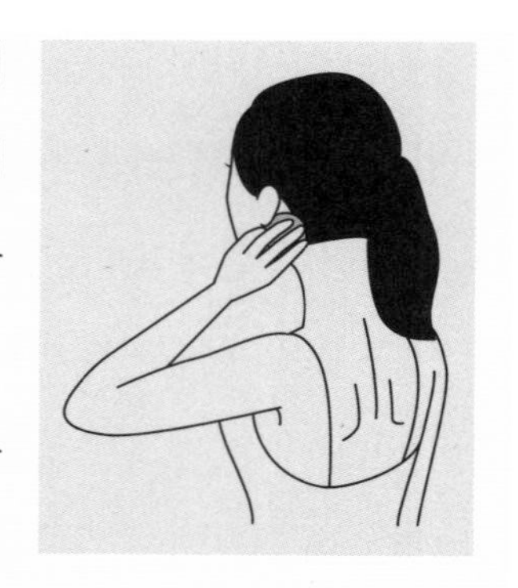

- 흉쇄유돌근을 잡은 팔을 책상에 올리고 머리로 눌러주면 지렛대 효과로 적은 힘으로 강한 압이 들어간다.
- 흉쇄유돌근은 정지점인 귀 옆 유양돌기와 연결된 부분을 잘 풀어주면 가장 잘 풀린다.

■ 흉쇄유돌근 기시점(시작하는 지점)풀기

- 쇄골의 안쪽 흉골과 쇄골에 기시점이 있다. 기시점을 손가락으로 튕겨준다.

■ 흉쇄유돌근 중앙 부분 풀기

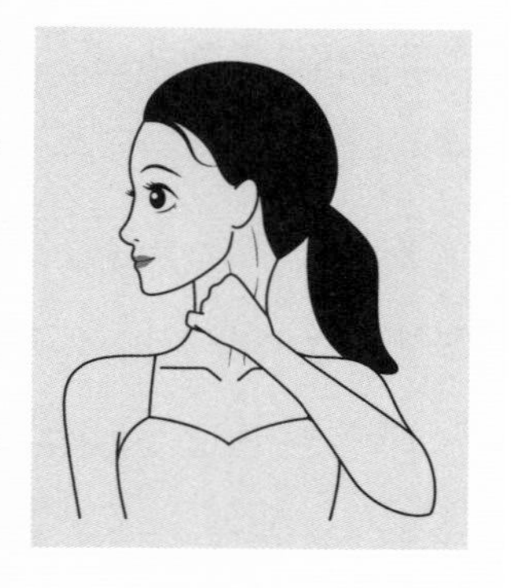

- 얼굴을 측면으로 돌리면 흉쇄유돌근이 돌출된다. 돌출된 흉쇄유돌근을 손으로 꽉 잡은 상태에서 얼굴을 정면으로 천천히 돌린다.
- 쇄골 부분에서 유양돌기 부분까지, 목쪽에서 귀 방향까지 4~5등분으로 잡아서 풀어준다.

## ② 사각근

사각근은 문제가 생기면 목 디스크와 유사한 증상을 유발하여 목 디스크로 오해하게 만드는 근육이다. 이곳에 문제가 생기면 목은 뻣뻣해지고, 팔 저림, 가슴 통증, 손 냉증 같은 증상을 유발한다. 사각근은 쇄골 안쪽으로 지나가는 근육인데 전사각근, 중사각근, 후사각근으로 구성된다.

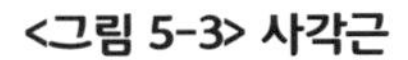

**<그림 5-3> 사각근**

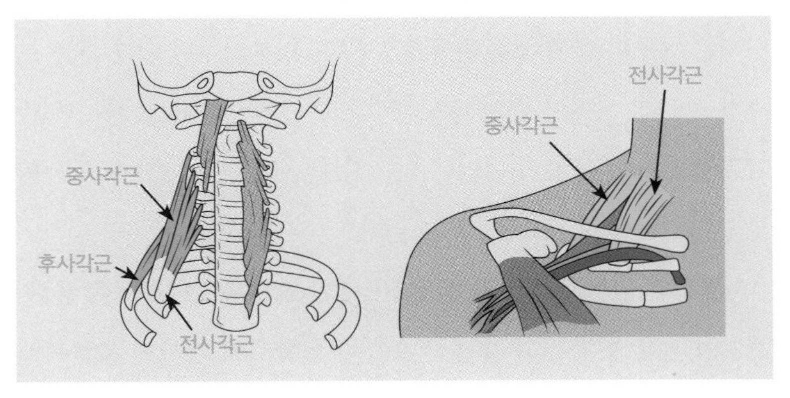


전사각근과 중사각근 사이로 상완신경총이라는 신경다발과 쇄골하동맥이라는 굵은 동맥이 팔을 지배하게 된다. 일반적으로 상완신경총과 쇄골하동맥이 사각근에 의해 압박되면서 나타나는 통증 패턴을 사각근증후군이라 부른다. 사각근증후군은 혈관 압박으로 동맥이 막혀 심장에 과부하를 줄 수 있으며, 또한 쇄골하동맥과 연결된 추골동맥으로 혈류가 증가하게 된다. 사각근의 단축이 있는 경우 대부분 거북목의 형태를 띠고 있으며, 이 경우 경추의 횡돌기를 통해 뇌로 올라가는 추골동맥이 상부경추 부위에서 과하게 꺾이게 되어 혈관의 압박이 발생한다. 이러한 이유에서인지 쇄골하동맥의 압박은 불면증, 두통, 안구 통증, 탈모를 유발할 수 있다고 한다.

사각근이 상완신경총을 누르면 손가락 저림 증상이나 통증이 발생한다. 압박의 정도에 따라 다르겠지만 사람들은 주로 방아쇠를 당기는 엄지와 검지에 통증을 호소한다. 덧붙이자면 뇌로 가는 혈류가 막히면 치매의 원인이 될 수 있고, 팔이나 다리로 가는 혈류가 막히면 수족냉증이 나타나기도 한다. 사각근은 경추에서 늑골로 연결되어 호흡보조근으로 불린다.

사각근은 일반적으로는 심호흡 시에만 호흡을 도와주어야 한다. 횡격막 호흡과 관련된 흉복식 호흡이 편안하지 못하면 사각근이 흡기의 주된 근육으로 작용하게 되고 그것이 사각근을 단축하는 원인이 된다. 호흡 장애는 심할 경우 공황장애의 원인이 된다. 그렇기에 배꼽 위에 생기는 모든 문제점은 사각근부터 풀어 해결해야 한다. 사각근 압박을 확인할 수 있는 빠른 방법을 소개하자면, 팔이 저린 경우 팔을 머리 위로 올렸을 때 저린 증상이 사라지면 사각근 긴장을 의심해볼 수 있다.

사각근증후근은 교통사고 같은 외상으로 나타나기도 하지만, 주로 잘못된 자세 때문에 생긴다. 등이 굽으면 자연스럽게 사각근에 머리 무게가 실려 경추 쪽이 딱딱해지며 목덜미가 뻣뻣해진다. 만세를 하고 잠을 자는 습관도 밤새 사각근을 단축하는 원인이며, 턱을 괴거나 자신의 시선보다 낮은 위치에 있는 컴퓨터 모니터를 장시간 본다든지 스마트폰을 보는 자세도 사각근에 영향을 미친다. 스마트폰을 어깨와 머리에 붙여서 받는 자세도 사각근의 비대칭을 유발할 수 있어 매우 좋지 않다.

## 사각근 스트레칭

■ 사각근 관리

사각근은 경추에서 기시해서 갈비뼈에까지 연결된 근육이다.

- 목의 중간 부분의 사각근에 엄지 손가락을 아래로 향하게 놓는다.
- 천천히 깊이 누르면서 쇄골 방향으로 내려온다.
- 전사각근, 중사각근, 후사각근으로 이동하면서 동일하게 풀어준다.

- 목 부분의 사각근을 손가락으로 끌어당겨 올려서 지지하면 쇄골 밑의 사각근이 타이트하게 당겨진다. 당기는 손은 쇄골과 가까울수록 사각근이 더 잘 걸린다.

- 그 상태로 쇄골 안쪽의 사각근을 손가락으로 튕겨서 긴장을 푼다. 쇄골 안쪽에 위치한 전, 중사각근의 긴장을 잘 푸는 게 중요하다. 쇄골의 약 1/3 지점에 위치한다.

■ 사각근 스트레칭

- 한 손을 등뒤로 하고 다른 한 손으로 얼굴을 잡고 당겨서 스트레칭한다. 이때 사각근이 강하게 스트레칭되어야 한다.

### ③ 두장근과 경장근

두장근과 경장근은 거북목 현상을 막아주는 근육이다. 흉쇄유

**<그림 5-4> 두장근과 경장근**

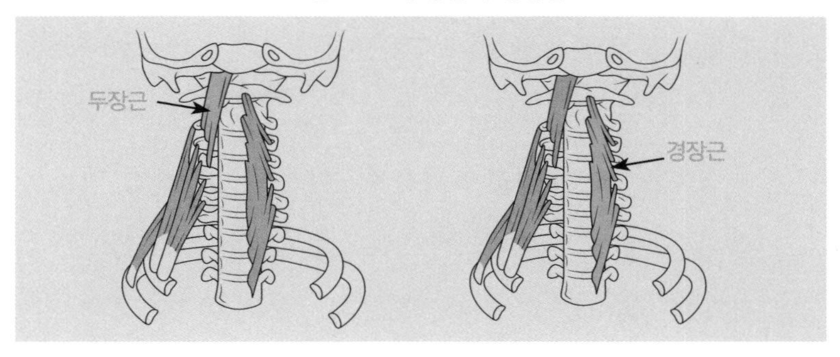


돌근과 사각근이 겉 근육이라면 두장근과 경장근은 속 근육이다. 근육은 겉 근육인 외재근과 속 근육인 내재근으로 나뉘는데, 외재근은 활동성 근육으로 더욱 강한 힘을 발휘할 때 사용하는 큰 근육이며, 내재근은 가장 안쪽에 있어 움직임을 조절하고 자세를 유지하는 데 사용하는 작은 근육이다. 목의 속 근육이 역할을 제대로 하지 못하면 목 주변의 큰 근육이 과도하게 긴장하여 거북목이 된다.

두장근은 경추의 앞면에서 후두골의 앞쪽에 붙어 있어 경추를 구부릴 때 머리부터 구부리게 하며, 경장근은 경추에만 길게 붙어 있어 머리가 숙여진 후 목을 구부리는 작용을 하게 된다. 즉, 두 근육이 동시에 작용하여 턱을 당기고 경추를 구부리는 일련의 동작이 일어나게 된다. 두장근과 경장근이 제 역할을 하지 못하면 목 뒤의 상부 근육인 후두하근이 긴장한다.

경추가 안정되려면 두장근과 경장근을 트레이닝하는 것이 무엇보다 중요하다. 목을 숙일 때는 두장근과 경장근을 먼저 사용하고 흉쇄유돌근을 사용해야 한다. 그런데 두장근과 경장근이 약화되어 먼저 수축을 하지 못하고 흉쇄유돌근이 먼저 수축하면, 턱을 앞으로 빼면서 목을 구부리게 되어 거북목을 유발한다. 이것은 목 뒤 상부 근육인 후두하근을 긴장하게 하여 경추의 앞쪽인 디스크에 압박을 가져와 추간판탈출증의 원인으로 작용할 수 있다.

두장근과 경장근은 약해지기 쉬운 근육으로, 흉쇄유돌근이 과도하게 긴장하면 이완된 상태로 고정된다. 턱이 들리는 사람은 흉쇄유돌근의 긴장을 풀고 두장근과 경장근을 강화해야 한다. 누워서 고개를 들어 일어날 때 머리가 먼저 일어나는지, 턱이 먼저 들리면서 일어나는지 관찰하는 것이 중요하다. 두장근과 경장근이 약화되어 사용되지 않고 흉쇄유돌근이 과도한 긴장 상태로 먼저 사용되면, 일어날 때 턱이 먼저 들린다. 또한 흉곽이나 쇄골이 머리 쪽으로 올라간 자세가 유발된다.

**두장근과 경장근의 영향**

| 두장근과 경장근 약화로 나타나는 현상 | 정상적인 현상 |
|---|---|
| 일어날 때 턱이 먼저 들리고, 흉곽이나 쇄골이 머리 쪽으로 올라간다. | 일어날 때 턱이 들리지 않고 머리가 먼저 일어난다. |

## 목

목은 볼링공 정도의 머리 무게를 떠받치고 다닌다. 목의 모양이 정상적인 C자 형일 때 머리 하중에 대한 가장 이상적인 완충작용을 한다. 생활 속 자세 불량으로 거북목인 사람들이 많아지면서 뒷목 근육의 긴장과 통증을 호소하는 사람이 늘고 있다. 그것은 일상생활마저도 힘들 정도의 만성적 피로감을 느끼는 고객이 증가한다는 뜻이다.

내가 운영하는 관리실 고객은 사무직 미혼 여성이 많은 편이다. 젊고 아름다울 나이지만 고객 대부분의 목이 일자목이나 거북목이다. 당연히 목의 통증이나 두통을 호소하는 사람이 많다. 뒷목의

**두장근약화** **두장근 강화**

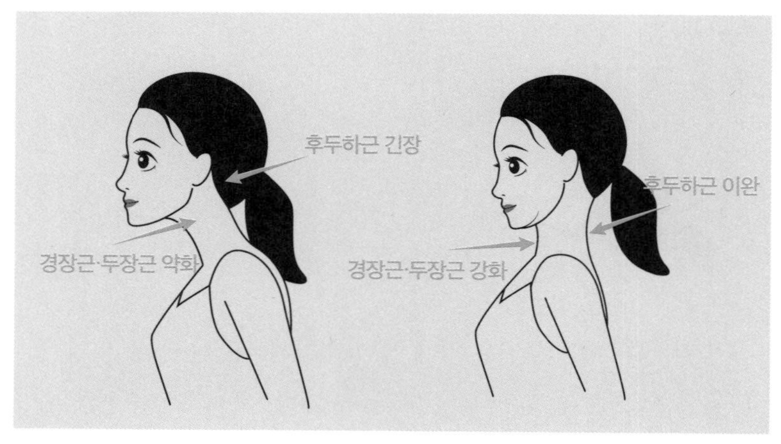

근육들이 긴장하면 경추는 이상적 위치에서 벗어나고 뒷목의 불편함은 당연하다. 이러한 불편함이 만성화하면 결국 목 디스크에 과도한 압박을 초래하여 결국 추간판탈출증을 일으킬 위험성이 높다. 앞서 말한 것처럼 목의 문제는 자세와 연관성이 크다. 당연히 자세를 바로잡아 목의 긴장을 이완하고, 머리 위치를 이상적 위치로 유지하여 편안한 상태가 되도록 도와주어야 한다.

### 두장근 관리

거북목을 위한 두장근과 경장근 강화 운동법 :

- 수건 한 장을 돌돌 만다.
- 수건을 목 뒤에 넣고 눕는다.
- 머리를 지그시 바닥으로 눌러주는데, 턱은 당기고 뒤통수로 바닥을 누른다.

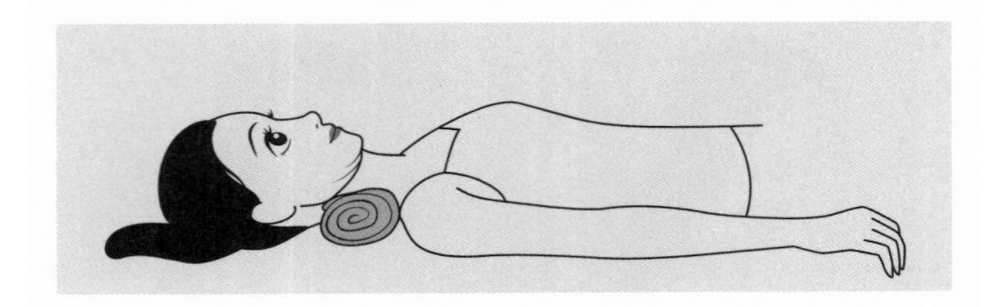

- 앉은 상태에서 수건을 길게 접어서 머리 뒤통수에 놓고 양손으로 수건을 잡는다.

• 양손은 수건을 지지하고 머리는 수건을 뒤로 밀어 주며 턱을 당긴다

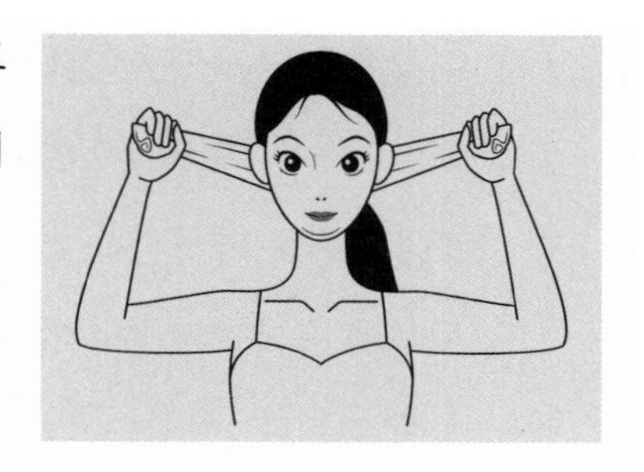

## 뒷목 관리

거북목 탈출을 위한 뒷목 푸는 법

• 한 손으로 반대쪽 뒷 목덜미를 잡는다.

• 목을 뒤로 젖히고 손은 압을 주면서 앞쪽으로 쓸어준다. 목을 뒤로 젖혀주면 지렛대 효과로 깊숙이 압을 느낄 수 있다.

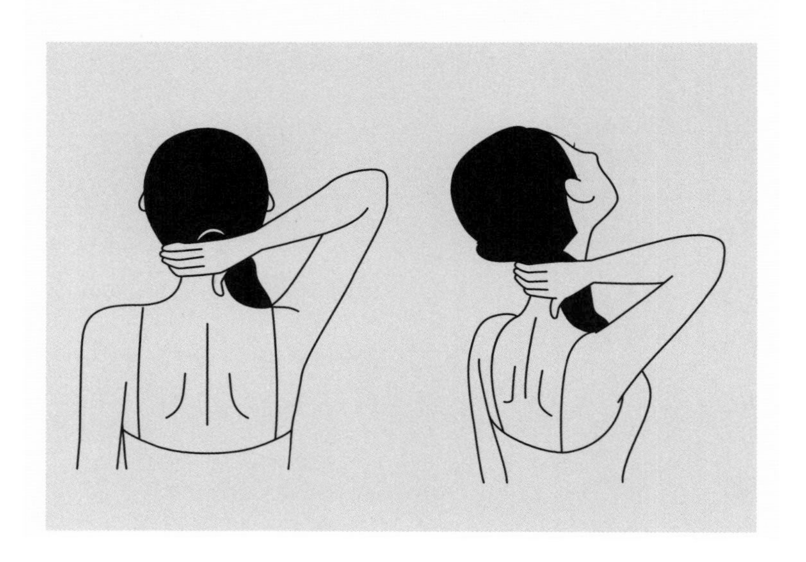

- 손을 뒷목에 올리고 엄지손가락을 목의 헤어라인 바로 밑 후두하근에 올린다. 엄지손가락에 압을 주면서 목을 뒤로 젖히면 지렛대 효과로 마사지가 된다.
- 손을 뒷목에 올리고 엄지손가락을 경추기립근인 목의 경추 옆 근육에 올린다. 엄지손가락에 압을 주면서 목을 뒤로 젖히면 지렛대 효과로 마사지가 된다.

2

# 등과 허리 관리

## 승천하는 승모근 내려주기

승모근은 어깨 옆쪽에서 목으로 이어지는 근육이다. 스트레스를 받으면 가장 먼저 긴장하는 곳이라 스트레스 근육이라고 한다. 고개를 옆으로 돌리거나 머리 회전을 돕는 기능을 한다. 쇄골을 당기거나 들어 올리고 회전하는 근육이기도 하며, 팔의 무게와 상체의 안정감을 유지하는 데 필요한 근육이다.

승모근은 통증을 많이 호소하는 곳이다. 팔을 들어 올린 자세로 오랫동안 있거나 무거운 가방, 꽉 죄는 옷이 통증을 유발한다. 다리의 길이 차이, 골반 비대칭, 기울어진 어깨축도 승모근에 통증을 일으키는 원인이다.

미용 차원에서 예비 신부들이 걱정하는 근육이 승모근이다. 현대인들은 대부분 굽은 등에 거북목을 하고 있다. 굽은 등은 승모근이 솟는 원인이다. 승모근 긴장으로 근육이 발달해도 승모근이 솟는다. 승모근이 솟으면 웨딩라인이 예쁘지 않아서 보톡스를 맞아서라도 내리고 싶어 하는 사람이 있다.

위에서 했던 대흉근, 소흉근, 사각근, 흉쇄유돌근 운동법은 기본적으로 굽은 등에 도움이 된다. 이런 운동법을 병행하면 승모근을 내리는 데도 효과가 있다. 누워서 하는 승모근 관리법을 활용하면 승모근이 매우 시원해지며, 굽은 등에도 효과가 있고, 승모근을 내리는 데에도 효과적이다.

### 승모근 관리

- 척추와 견갑대 사이에 골프공을 넣고, 골프공이 압을 강하게 누르도록 엉덩이를 든다.
- 골프공이 등에 압을 더 가하도록 팔을 들어 머리 위로 천천히 올렸다, 다시 아래로 천천히 내린다.
- 팔을 측면으로 내리고 90도로 올린다.

골프공을 엉덩이와 팔을 이용해서 지렛대 효과로 승모근에 압

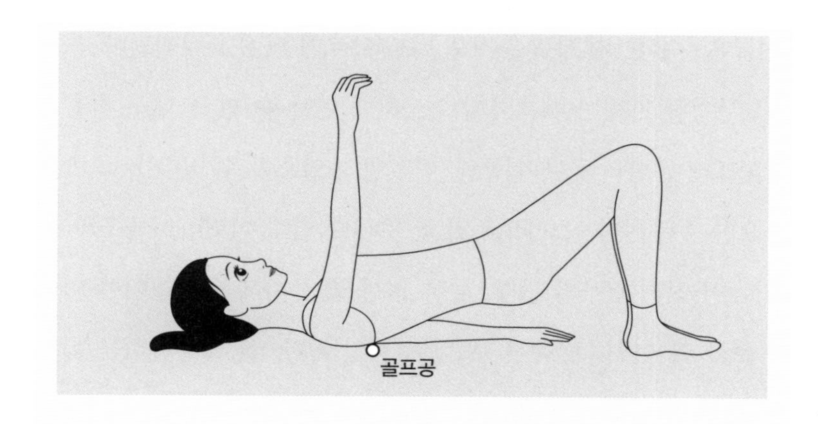


을 주는 동작이다. 골프공의 위치는 약 2~3cm 정도 내려가며 같은 동작을 반복한다. 이 동작을 하고 뒷모습을 보면 올라간 승모근이 내려오고, 굽은 등이 펴진 것을 알 수 있다.

※ 테니스공 등 집에 있는 다른 공으로 대체해도 된다.

## 굽은 등 펴기

등은 반듯이 세워야 할 기둥이다. 등을 세우고 어깨를 펴서 당당하게 걷는 사람은 믿음직스러워 다른 사람의 신뢰를 얻는다. 자신감 있는 실력자일수록 등을 꼿꼿이 세우고 걷는다. 사채업자는 구부정하게 기대앉는 사람에게는 돈을 빌려주지 않는다고 한다. 나는 굽은 등을 가진 사람을 보면 나도 모르게 펴주고 싶어진다.

구부정한 자세는 마음까지 우울하게 만들 수 있고, 대사 작용을 떨어뜨려 순환의 문제와 통증, 비만까지 일으킬 수 있다 보니 매우 중요한 부분이다. 스마트폰과 컴퓨터로 인해 어린아이들조차 등이 굽어 있는 경우가 많다. 등을 펴서 좋은 자세를 만들어야 미래가 밝은데, 이런 아이들을 보면 걱정이 된다. 앞으로 굽히는 동작을 만 번 하면 펴는 동작도 만 번을 해야 한다. 한쪽 동작만 반복하면 습관적인 잘못된 자세로 인해 몸이 틀어지기 때문이다.

체형이 바른지 비틀어졌는지에 따라 인상도 달라진다. 하지만 인상보다 더 중요한 건 건강이다. 등이 굽으면 건강에 많은 문제가 발생한다. 몸통 속이 좁아질 수 있고, 장기가 아래로 하수될 수도 있고, 소화기관 문제도 일으킬 수 있다. 혈관을 눌러서 오는 혈관계 질환, 신경계 질환, 림프 순환장애, 불면증까지 올 수 있으며, 미용 관점에서도 보기 좋지 않다.

등이 굽으면 목이나 등쪽에 통증을 느낀다. 목이 뻐근하거나 어깨가 아파서 뒤에서 두들겨주거나 밟아줬으면 할 때가 있다. 몸 앞쪽에 있는 근육이 긴장하여 수축하면 반대쪽에 있는 등 근육이 늘어나서 굳어버리는데, 이때 통증을 많이 느낀다. 통증은 주로 늘어나서 굳은 곳에서 발생하기 때문이다. 단축되서 긴장된 대흉근이나 소흉근에서는 거의 발생하지 않는다. 문제는 긴장되서 단축된 곳에 있는데 이완되서 굳은 등만 열심히 두들기고 더 이완시킬 때가 많다. 우리 일상에서 보면 뒷목이나 어깨, 등이 아파하는 경우가 많지 가슴근육이 아파서 힘들어하는 건 거의 보지 못했을 것이다.

관리실에서도 앞 라인보다는 뒤 라인을 집중해서 관리받아야 시원했을 것이다. 굽은 등으로 통증을 호소하는 현대인이 많다 보니 등만 잘 풀어줘도 만족스러워한다. 물론 굳은 근육은 풀어줘야 한다. 굳은 근육이 순환을 막고 체형을 바꿀 수 있기 때문이다. 어깨가 말리면서 등을 굽게 만드는 근육으로는 대흉근, 소흉근, 전거근, 광배근, 전 삼각근, 이두근 등이 있다. 이 중에서 대표적 근육인 대흉근과 소흉근을 스트레칭하는 방법과 등 강화 운동법에 대해 알아보자.

### ① 대흉근

대흉근은 흉부 앞면을 덮고 있는 편평하고 강한 근육으로 수축하면 등이 굽는 현상이 발생한다. 대흉근은 쇄골지, 흉골지, 늑골지, 복근지로 구분된다. 모두 팔에 붙어 있다. 쇄골지는 팔을 안으로 모으면서 들어 올릴 때, 흉골지는 팔을 안으로 모을 때, 늑골지와 복근지는 팔을 안으로 모으면서 내릴 때 기능을 한다. 웅크리고 있는 자세가 얼마나 등을 굽게 만드는지 근육만 봐도 알 수 있다.

<그림 5-5> 대흉근

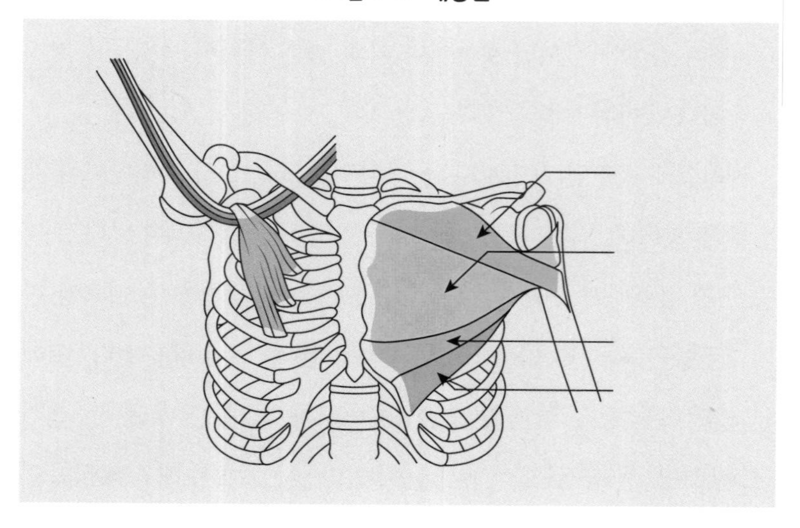

우리가 흔히 하는 자세를 생각해 보자. 팔짱 낀 자세, 손을 주머니에 넣은 자세, 스마스폰을 보는 자세, 컴퓨터 타이핑 자세처럼 우리의 일상은 대흉근을 단축하는 자세가 많다. 앉아서 생활하는 자세가 모두 굽은 등의 연속이다. 앉아서 일하다 보면 화장실 갈 시간도 없을 때가 많다. 중간에 일어나면 집중력이 흐트러져서 일의 흐름이 깨지기 때문이다. 아무리 바빠도 한 시간에 한 번 정도는 일어나서 스트레칭을 해줘야 좋다. 등과 가슴을 펴는 행동들이 쌓여 습관이 되고, 습관들이 모여 당신의 아름다움과 건강을 지킨다.

## 굽은 등 확인 방법

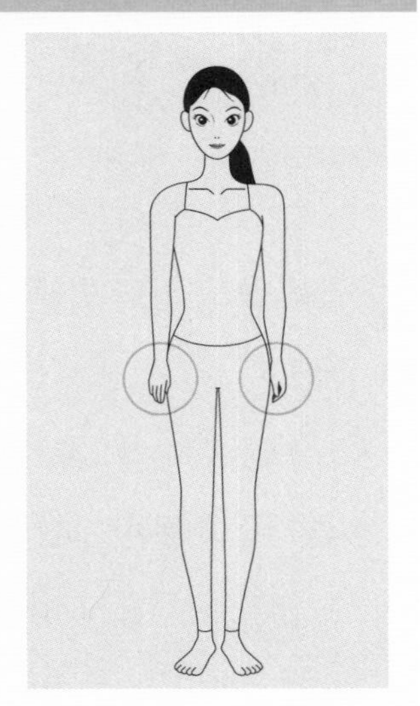

차렷 자세로 서서 손바닥과 손등이 어디를 향하는지 확인해본다. 정면에서 엄지손가락이 보이고 손바닥이 다리 방향으로 가야 한다. 등이 굽을수록 정면에서 손등이 많이 보인다.

대흉근의 쇄골지, 흉골지, 늑골지, 복근지 모두 팔에 붙어 있기 때문에 대흉근이 단축되면 팔을 안으로 말게 된다.

지금 차렷 자세로 손바닥이 어디를 향하는지 확인해 본다.

## 대흉근 스트레칭

### ■ 대흉근 늘려주기

- 한쪽 팔을 앞으로 나란히 하고 다른 한 손으로 겨드랑이 부분의 대흉근을 놓치지 않게 잡는다.
- 앞으로 뻗은 팔을 옆쪽으로 천천히 움직인다.

• 겨드랑이 부분은 옆으로 옮겨가며 잡으면서 팔을 뒤쪽으로 이동하는 동작을 반복한다. 10회 실시한다.

■ 대흉근의 쇄골지 스트레칭

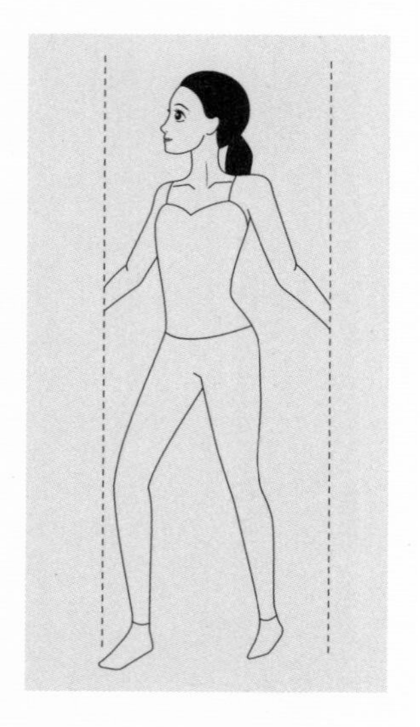

• 팔을 30도 정도 벌리고 문을 잡고 선다.
• 무릎을 굽혀 앞으로 이동한다. 견갑골이 최대한 가깝게 붙는다는 느낌이 들고 등이 뻐근하고 팔이 저린 느낌이 올 수 있다. 그 자세가 잘된 자세다.
• 몸통을 틀어 무게중심이 우측으로 오게 하고 고개를 우측으로 돌린다. 고개는 하늘 쪽을 바라본다. 좌측 스트레칭 자세를 15초간 유지한다.
• 몸통을 틀어 무게중심이 좌측으로 오게 하고, 좌측으로 고개를 돌린다. 고개는 하늘 쪽을 바라본다. 우측 스트레칭 자세를 15초간 유지한다.
• 좌우로 체중과 고개를 돌려주면 한쪽씩 스트레칭의 효과가 더욱 커진다.

■ 대흉근의 흉골지 스트레칭

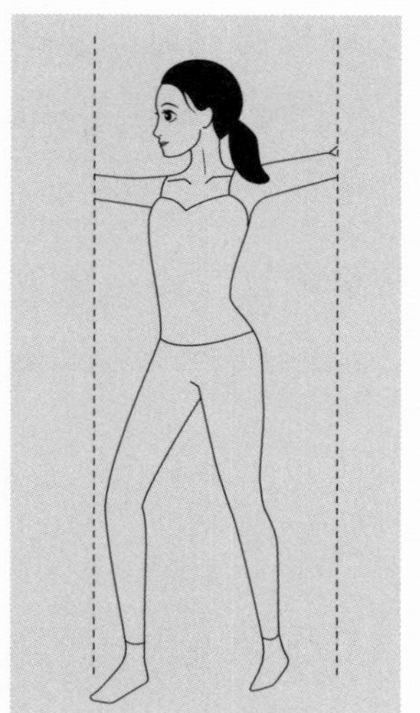

- 팔을 90도로 벌리고 문을 잡고 선다. 팔꿈치는 직각으로 구부려도 되고 펴도 된다.
- 무릎을 굽혀 앞으로 이동한다. 견갑골이 최대한 가깝게 붙는다는 느낌이 들고 등이 뻐근하고 팔이 저린 느낌이 올 수 있다. 그 자세가 잘된 자세다.
- 몸통을 틀어 무게중심이 우측으로 오게 하고, 고개를 우측으로 돌린다. 좌측 스트레칭 자세를 15초간 유지한다.
- 몸통을 틀어 무게중심이 좌측으로 오게 하고, 좌측으로 고개를 돌린다. 우측 스트레칭 자세를 15초간 유지한다.
- 좌우로 체중과 고개를 돌려주면 한쪽씩 스트레칭의 효과가 더욱 커진다.

■ 대흉근의 늑골지, 복근지 스트레칭

- 팔을 120도 정도 벌리고 문을 잡고 선다.
- 무릎을 굽혀 앞으로 이동한다. 견갑골이 최대한 가깝게 붙

는다는 느낌이 들고 등이 뻐근하고 팔이 저린 느낌이 올 수 있다. 그 자세가 잘된 자세다.

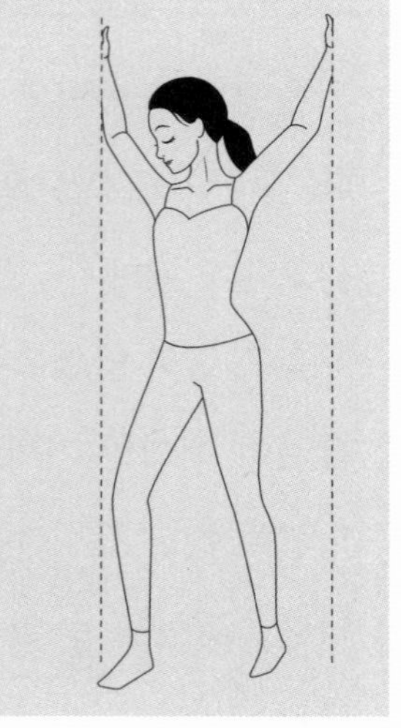

- 몸통을 틀어 무게중심이 우측으로 오게 하고, 고개를 우측으로 돌린다. 고개는 땅 쪽을 바라본다. 좌측 스트레칭 자세를 15초간 유지한다.
- 몸통을 틀어 무게중심이 좌측으로 오게 하고, 좌측으로 고개를 돌린다. 고개는 땅 쪽을 바라본다. 우측 스트레칭 자세를 15초간 유지한다.
- 좌우로 체중과 고개를 돌려주면 한쪽씩 스트레칭의 효과가 더욱 커진다.

### ② 소흉근

굽은 등을 만드는 두 번째 근육은 소흉근이다. 소흉근은 견갑골의 오구돌기에 정지해 있어서 소흉근이 단축되면 누웠을 때 어깨가 바닥에서 많이 들뜬다. 견갑골을 앞쪽으로 잡아당겨서 굽은 등을 만들게 된다. 승모근 상부 섬유가 늘어나면 날개뼈 아래쪽 내측이 들려서 견갑골이 익상될 수 있다. 승모근의 상부 섬유가 늘어나면 목과 어깨의 통증도 유발할 수 있다. 갈비뼈에 기시해 있어서 숨을 들여 마실 때 가슴이 답답하거나 심통도 유발하는데, 소흉근의 지속적인 압박은 심장통으로 오인받을 정도다.

소흉근 밑으로 신경다발과 액와 동맥, 정맥이 지나간다. 소흉근은 팔로 내려가는 신경과 혈관을 보호하는 역할을 하는데, 소흉근의 단축은 팔로 가는 신경과 혈관을 압박할 수 있다. 혈관과 신경의 압박으로 손이 차가워지고 팔저림 현상이 올 수 있다.

신경을 압박하면 팔 저림 현상이 오는데, 저린 증상들은 주로 근육이 긴장하여 신경을 압박하는 경우에 많이 발생한다. 손 저림이

**<그림 5-6> 소흉근**

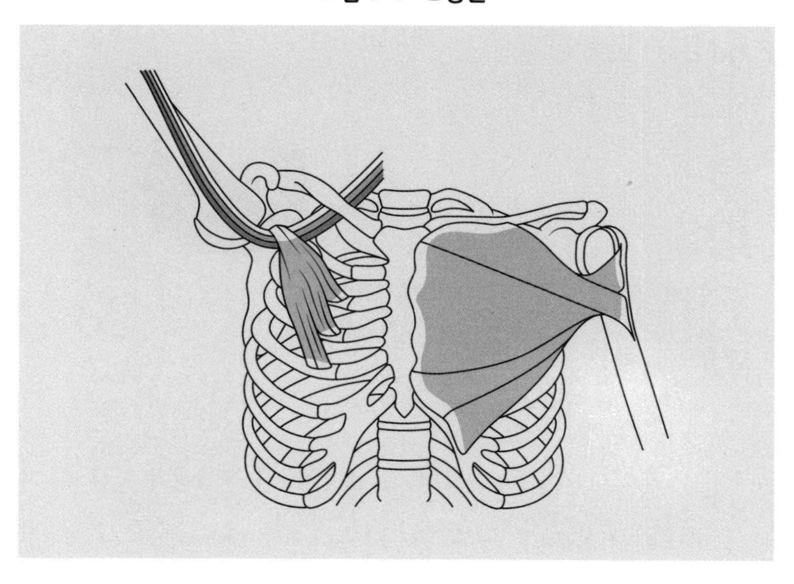

있을 때 의심해볼 만한 원인은 크게 세 가지다. 목 디스크, 소흉근 압박, 사각근 압박이다. 소흉근과 사각근 사이에는 팔로 내려가는 신경다발이 있다.

소흉근 압박을 확인할 수 있는 빠른 방법을 소개하자면 사각근과 반대로 팔이 저린 경우 팔을 아래로 내렸을때 저린 증상이 사라지면 소흉근 압박을 의심해볼 수 있다. 사각근 압박은 주로 손가락 1, 2지 쪽에 저림 증상이 있고, 소흉근의 압박은 주로 손가락 3, 4, 5지 쪽에 저림 증상이 있다.

### 소흉근 검사

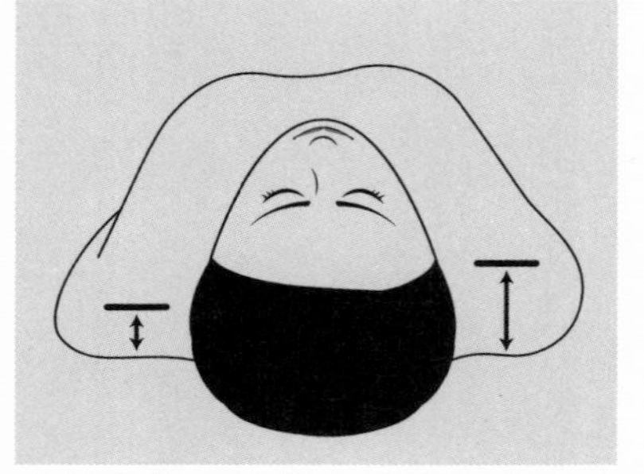

소흉근이 단축되면 바닥에서 어깨가 뜨게 된다.
견봉은 쇄골과 연결된 쇄골 끝부분 옆에 위치한 뼈다.
견봉의 끝부분에서 바닥까지의 거리가 2.5cm 이하면 정상이다. 그 이상이면 소흉근의 단축으로 굽은 등이 된다.

소흉근 길이도 검사할 수 있다. 소흉근이 단축되면 누웠을 때 어깨가 바닥에서 들뜬다. 견봉에서 바닥까지 2.5cm 이상 들뜨면 소흉근이 단축된 것이다.

### 소흉근 관리

공으로 소흉근의 긴장한 근육을 이완한다.

- 공을 오구돌기 바로 아래 소흉근에 올려 놓는다.
- 제자리에서 공에 압을 주며 굴려준다. 자리를 약간씩 이동하면서 제자리에서 굴려준다.
- 오구돌기에서 갈비뼈 방향으로 마사지한다.

### 소흉근 스트레칭

- 벽이나 기둥에 팔을 130~150도 정도 높이로 올린다. 팔꿈치는 어깨보다 위에 있어야 한다.
- 한쪽 발이 앞으로 나가면서 가슴을 앞으로 내민다. 뒤쪽 발을 펴주며 소흉근을 최대한 늘린다.

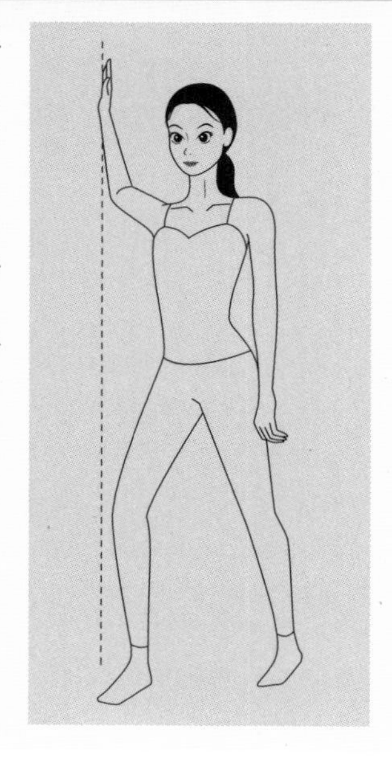

## 등 강화 운동법

등 근육은 평소 이완성 긴장으로 약화되기 쉬운 근육들이다. 등 근육을 강화하여 인체의 안정성을 유지해야 한다. 현대인은 굽은 등, 거북목으로 인해 어깨, 목과 함께 등의 통증을 많이 호소한다. 인체는 서로 유기적으로 연결되어 있어 어느 곳 하나가 변형되면 다른 곳도 변형이 생긴다. 이런 상태를 지속하면 만성적으로 피로가 쌓이고, 통증이나 근막의 유착이 일어날 수 있다.

평상시 자신의 자세를 인지하면서 생활해야 한다. 구부정하게 오래 앉아 있는 자세는 좋지 않다. 50분 정도 책상에 앉아 있으면 10분 정도 스트레칭을 해준다. 쉬는 시간조차 스마트폰을 보는 경우가 많은데, 짬짬이 시간을 내서 운동하는 습관이 매우 중요하다. 바른 자세로 생활하는 습관을 들이고, 수시로 자세를 바꿔주고, 바른 스트레칭을 한다. 삶의 태도도 중요하다. 시선을 먼 곳에 두고, 생각을 느긋하게 하며 움츠러들지 않아야 한다. 눈앞의 일에 일희일비하지 않고 담대해야 좋은 자세를 가질 수 있다.

다음은 이완된 등 근육을 강화함으로 등을 힘 있게 만드는 동작이다.

## 등 강화 운동

- 팔을 몸에 붙인 상태에서 90도로 접어 앞으로 나란히 한다.
- 몸에 팔을 최대한 붙인 상태에서 팔을 그림처럼 180도로 양쪽으로 벌린다.

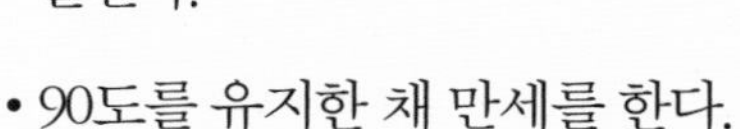

- 90도를 유지한 채 만세를 한다.
- 90도 상태에서 팔을 등쪽으로 최대한 당겨준다. 등의 근육이 뻐근함을 느낄 정도로 당겨준다. 안쪽 날개뼈 사이를 최대한 붙인다는 느낌으로 한다.
- 그 상태에서 어깨를 5초간 올렸다 천천히 내린다. 총 10회 해준다. 절대 팔이 올라갔다 내려오면 안 되고 어깨가 올라갔다 내려와야 한다. 등, 목, 어깨의 뻐근함이 느껴진다.

이번에는 팔을 내리는 동작이다. 최대한 팔이 몸통 뒤로 간 상태에서 팔을 아래 방향으로 내려준다. 팔을 30

도정도 내린 상태에서 5초간 힘을 주면서 유지해준다. 총 10회 반복한다.

## 지긋지긋한 허리 디스크(추간판탈출증) 관리

허리가 좋아야 왕성하게 활동을 하고 자기 분야에서 성공한다. 구부정한 허리는 고생을 많이 하고 살았다는 증거다. 추간판탈출증은 연령과 상관없이 진행된다. 잠을 자고 일어났는데 일어나지 못할 정도로 허리 통증이 있거나, 허벅지를 바늘로 찌르는 듯한 통증을 일으키기도 한다. 다리에 힘이 없어 주저앉기도 하는데, 이런 현상은 젊은 연령층에서 많이 일어난다. 운동 부족, 관절의 유연성 부족, 무거운 물건을 들거나 잘못된 자세, 과도한 외부 영향으로 자세가 틀어지면서 한쪽으로 힘이 더 가해지니 척추가 틀어지고 추간판탈출증이 생긴다.

추간판은 척추뼈와 뼈 사이에 있는 편평한 판 모양의 물렁뼈연골다. 뼈와 뼈 사이 충격을 막아주는 쿠션 역할을 한다. 여러 가지 원인으로 추간판탈출증이 일어나지만, 잘못된 자세를 습관적으로 했을 때 가장 많이 발생하는 질병이다. 인체는 한 부분이 틀어지면 그것을 보완하기 위해 다른 부분이 경직되거나 과도하게 활동한다. 상호 보상작용을 하여 균형을 맞추려는 것이다.

몇 년 전 일주일간 반깁스를 한 적이 있다. 일주일 동안 걷는 자세가 틀어질 수밖에 없었다. 깁스를 뺐더니 눈에 보이게 골반이 틀어졌다. 걸음걸이조차 이상해져서 고생했다. 그뿐만 아니다. 책상에 앉아서 컴퓨터를 많이 하고 나면 어김없이 등 모양이 틀어졌다.

장시간 앉아 있으면 바른 자세를 유지하기 힘들다. 인체는 생각보다 훨씬 빠르게 틀어진다. 문제는 심각해지기 전까지 어떤 증상이나 불편함이나 고통 없이 지나갈 때가 더 많다는 사실이다. 습관적으로 틀어진 자세를 장시간 지속하면 우리가 알지 못하는 사이 질병까지 유발할 수 있으므로 평소 바른 자세를 유지하고, 틀어짐이 생기면 그때그때 스트레칭을 하거나 몸을 풀어주는 운동으로 관리해야 병을 키우지 않는다.

척추가 틀어지면 어깨높이가 달라진다. 거울을 보고 똑바로 서서 어깨높이를 보면 척추의 틀어짐을 알 수 있다. 통상적으로 흉추가 한쪽으로 틀어지면 보상작용으로 요추는 반대 방향으로 틀어서 균형을 맞추려고 한다. 척추에는 움직임이 덜한 뼈들이 있다. 경추와 흉추 사이, 흉추와 요추 사이의 척추뼈다. 이 척추뼈가 중심점이 되어 측만이 일어날 때 S자 모양으로 휜다. 왼쪽 어깨가 높으면 왼쪽 요추 간격이 좁아진다.

왼쪽 어깨가 높다고 가정해 보자. 흉추는 왼쪽으로 틀어져서 흉추 간격이 왼쪽은 벌어지고 오른쪽은 협착한다. 요추는 우측으로 틀어져서 요추 간격이 오른쪽은 벌어지고 왼쪽은 협착한다. 허리에 추간판탈출증이 가장 많이 일어나는 곳이 요추 4, 5번이다.

**<그림 5-7> 추간판탈출증**

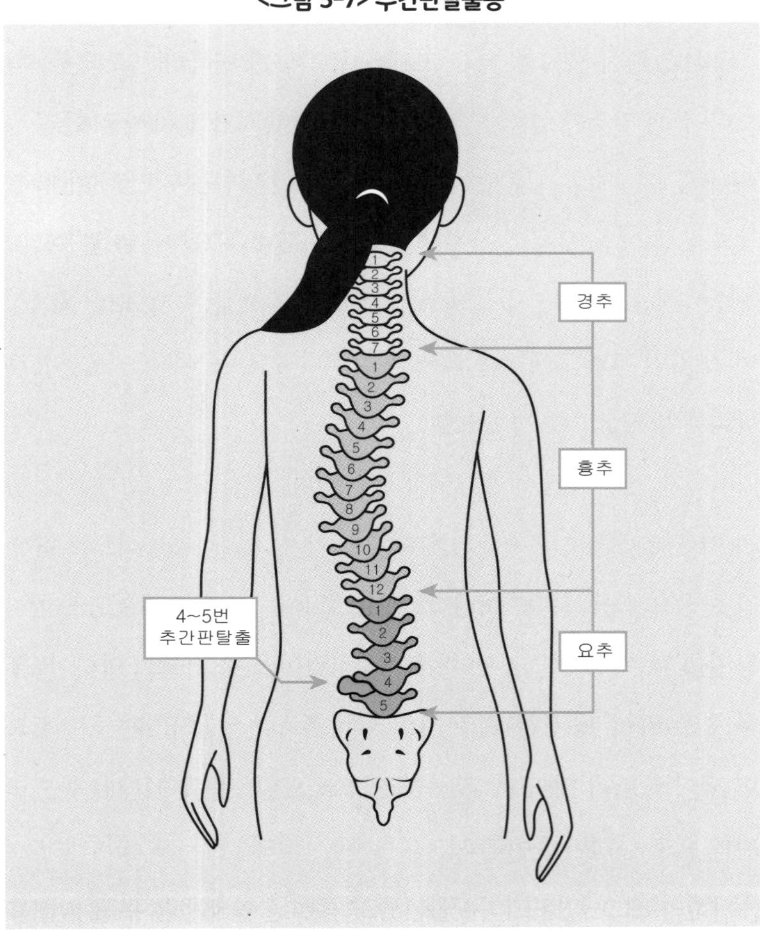

한쪽 어깨가 올라갔으면 올라간 만큼 척추가 틀어진 것이다. 왼쪽 어깨가 높으면 요추 왼쪽이 협착될 경우가 많다. 문제는 협착한 부분에서 발생하므로 협착한 요추 4, 5번 부분을 늘려주면 4, 5번 추간판탈출증에 큰 도움이 될 수 있다. 하지만 인체의 보상작용이 꼭 동일하게 일어나는 것은 아니다. 이 때문에 척추 틀어짐도 저마다 다르게 발생할 수 있다. 여기서는 통상적으로 가장 많이 발생하고, 이 운동법이 틀어진 요추 4, 5번에 도움이 되기에 소개하고자 한다.

무엇보다도 올라간 어깨 부분만 기억하면 된다. 왼쪽 어깨가 올라갔다면 왼쪽의 요추를 늘려준다. 운동 역학을 이용해서 요추의 협착을 늘려주면 흉추는 자동으로 역방향이 늘어난다. 요추만 잡아주면 흉추는 자동으로 자리를 찾는다.

다음은 협착한 요추를 늘려주는 운동법이다.

**협착한 요추 방향을 확인하는 방법**

1. 똑바로 서서 거울을 본다.
2. 어깨 높이를 확인한다.
3. 어깨가 높은 쪽의 요추가 협착한 곳이다.

### 협착한 4, 5번 요추를 늘리는 운동

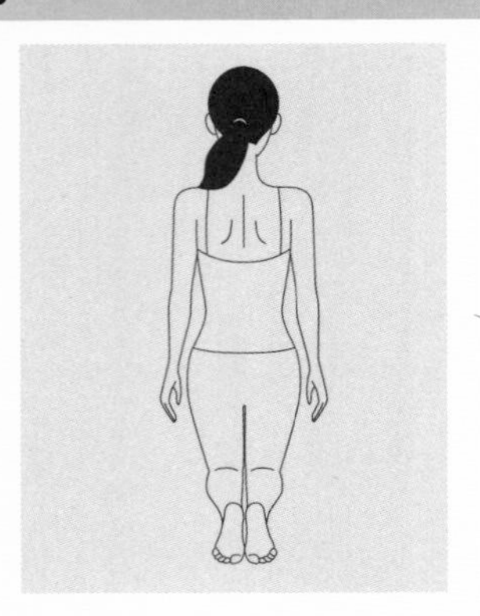

- 앞무릎이 일자가 되게 무릎을 붙이고 앉는다.
- 뒤꿈치는 뒤꿈치끼리 나란히 붙인다.
- 엉덩이가 발뒤꿈치에 닿도록 가볍게 앉는다.

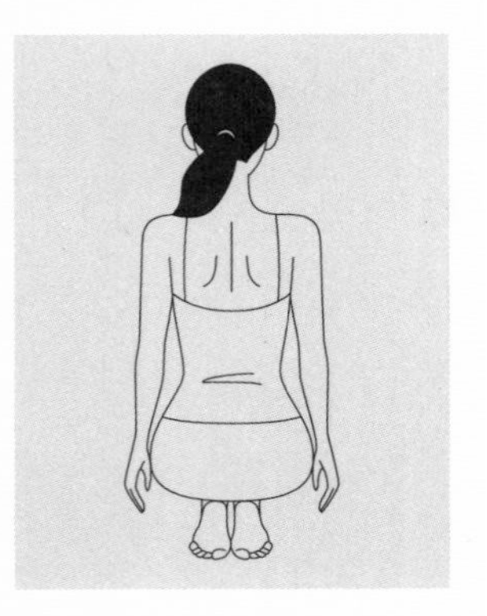

- 앉고자 하는 방향 손은 30도 각도로 들어 손끝이 바닥을 향하도록 한다.
- 이때 손의 위치는 엉덩이 뒤쪽으로 향하게 한다.
- 엉덩이를 살짝 들어서 옆으로 미끄러지듯이 그대로 앉는다.

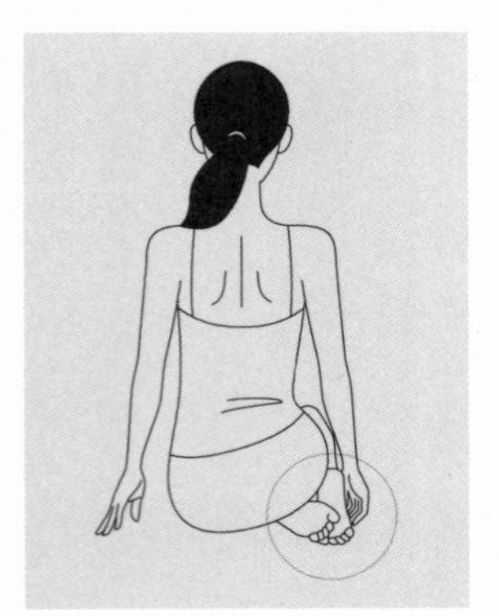

- 가슴은 그대로 펴고, 손으로 짚으려고 하지 말고 앉는다.
- 반대쪽 무릎은 살짝 떠도 된다.
- 옆으로 앉아 있을 때 발바닥은 모양이 겹치게 되는데, 앉는 방향의 엄지발가락이 반대 방향의 발 장

심 위에 위치해야 한다.

- 10분간 그 상태를 유지한다. 10분간 유지를 하는 게 중요하다.

# 다리 관리

## 다리 길이 교정

양쪽 다리 길이가 다른 사람이 전체 인구의 최대 70% 정도라고 한다. 다리 길이가 조금 다르면 모르고 넘어갈 수 있으나, 심하게 다르면 걷는 자세에 변형이 오고, 척추와 몸통까지 불균형 상태가 될 수 있다.

다리 길이가 다르면 골반이 틀어진다. 골반이 틀어지면 혈액 순환이 안 되서 비만이 올 수도 있고, 반대로 몸 전체가 마를 수도 있다. 생식기관 쪽에 혈액 순환이 안되서 여성은 냉이 있을 수 있고, 생리 불순, 치질, 변비 등 비뇨 질환이 생길 수도 있다. 몸이 전체적으로 틀어지니 등 통증이나 척추측만증도 올 수 있다. 문제의 연속이다. 신발 밑창을 봤을 때 신발이 한쪽만 닳았다면 다리 길이의 불균형을 의심해야 한다.

다리 길이가 달라지는 이유가 뭘까? 한쪽 다리에만 힘을 주고 서 있거나 앉았을 때, 다리를 꼬고 앉았을 때, 뒷주머니에 스마트폰을 넣고 다니는 것도 불균형 원인이될 수 있다. 사소한 습관이 다리 길이를 다르게 한다.

다리 길이가 다르다는 사실을 쉽게 구별하는 방법이 있다. 눈 감고 제자리걸음을 1분 동안 해본다. 지금 바로 책을 덮고 따라 해보라. 교육생들에게 눈을 감고 제자리걸음을 하라면 앞으로 걸어가는 사람도 있다. 자기도 모르게 앞으로 돌진하면 다칠수 있으니 조금 넉넉한 공간에서 해주면 좋다. 앞으로 가든 제자리에 있든 처음 서 있던 방향과 비교해보라. 왼쪽으로 몸이 틀어졌지 오른쪽으로 틀어졌는지 확인한다. 틀어진 쪽이 짧은 다리다. 구심력에 의해서 짧은 쪽으로 몸의 방향이 돌아가는 원리다. 다리가 짧다는 건 골반이 뒤로 빠졌다는 뜻이다. 뒤로 빠진 골반을 앞으로 밀어서 골반의 위치를 맞춰주면 다리 길이를 같게 할 수 있다.

**짧은 다리 확인법**

1. 눈을 감고 제자리걸음을 1분 동안 한다.

2. 눈을 뜨고 몸의 방향을 확인한다.

3. 몸의 방향이 처음보다 왼쪽을 바라보고 있으면 왼쪽 다리가 짧고, 오른쪽을 바라보고 있으면 오른쪽 다리가 짧다.

## 짧은 다리 교정법

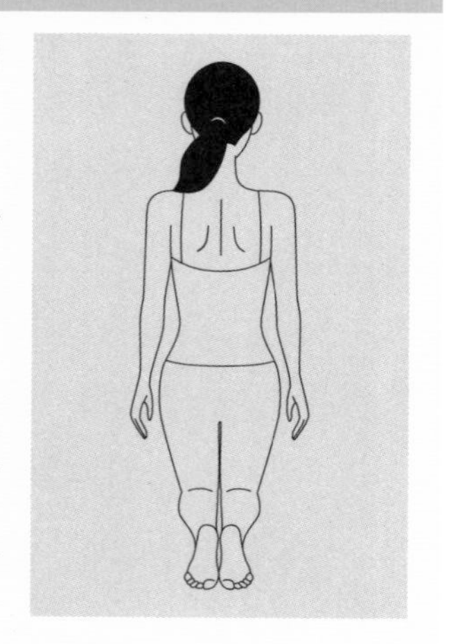

- 무릎을 꿇고 무릎을 붙인 상태에서 상체를 곧게 세운다.
- 짧은 다리 쪽은 무릎을 바닥에 놓고, 반대쪽 다리는 앞으로 내밀어 앉는다.
- 짧은 다리의 손을 엉덩이, 즉 장골능에 받쳐주고 반대 손은 반대 무릎 위에 올려놓는다.
- 이때 가슴은 정면을 바라본다.
- 세운 무릎을 구부려주고 반대쪽 손은 밀어서 장골능을 5~10초간 밀어준다.
- 3초간 쉬고 5~10초간 밀어준다. 총 3회 반복한다.

## 팔자 다리 교정

사람이 서 있을 때는 발끝이 10~15도 정도 바깥으로 향하는 게 정상이다. 누워 있을 때도 자연스럽게 벌어지는데, 45도 이상 벌어지면 문제다. 새끼발가락이 바닥에 닿을 정도로 가까우면 골반이 과하게 외방된 상태다.

걸을 때는 양쪽 골반 근육이 적절하게 사용되어야 한다. 팔자걸음을 지속하면 고관절이 굳어지면서 고관절의 가동 능력이 떨어진다. 그로 인해 허리 통증, 척추의 문제가 올 수도 있다. 팔자 다리는 다리만의 문제가 아니다. 골반과 고관절이 틀어지면서 팔자 다리가 된다. 엎드려 자거나, 평발이 심하거나, 허벅지 안쪽과 복부비만이 심한 경우에도 팔자 다리가 될 수 있다.

팔자걸음을 계속하면 무지외반증이나 굳은살이 배길 수 있고, 골반이 틀어져 자세가 틀어진다. 골반이 교정되고 팔자걸음이 바른 걸음으로 변하면 멋지고 아름다운 몸매가 될 수 있다.

### 팔자 다리 확인하는 방법

1. 다리에 힘을 빼고 자연스럽게 반듯이 눕는다.

2. 발의 각도가 자연스럽게 벌어지면 정상이다.

3. 발의 각도가 45도 이상이면 외방됐다.

4. 양쪽 발 중에 더 외방된 다리쪽 골반이 더 많이 벌어졌다.

### 팔자 다리 교정

• 반듯이 눕는다. 누웠을 때 다리가 바닥으로 누우면 다리가 외방된 것이다. 팔자 다리가 심한 쪽의 골반이 더 많이 외방된다.

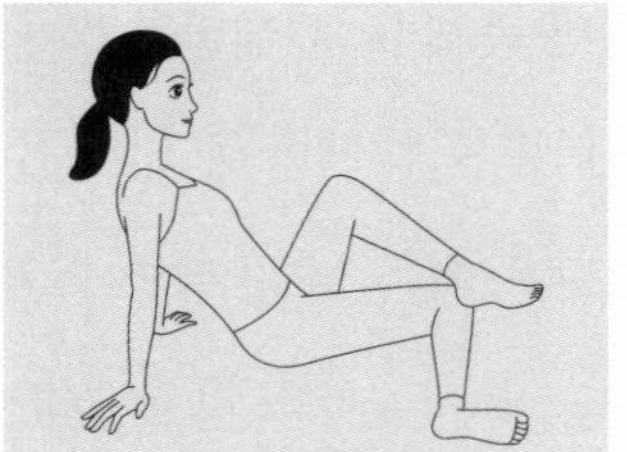

• 양 다리를 어깨너비만큼 벌리고 팔은 뒤쪽으로 짚고 편안히 앉는다. 더 많이 외방된 무릎을 바닥에 대고 반대 발로 30초간 누른다. 양쪽 모두 외방이 심하면 양쪽 모두 눌러준다.

• 한쪽 무릎씩 안쪽으로 교차하면서 눕힌다. 그림처럼 세워진 다리가 밖으로 외방되지 않게 한다. 외방되면 효과가 떨어진다. 무릎이 땅에 닿는 자세를 100회 이상 교차하여 흔든다. 누워서 해도 되고 앉아서 해도 된다.

그림만 보고 따라 하기 어려운 부분이 있을 것이다. '협착한 4, 5번 요추를 늘리는 운동'이 특히 어려워서 잘 틀리는 부분이다. QR

코드를 통해 네이버 카페 '피부관리대학'에 들어와서 코칭을 받는 것도 방법이다.

맺음말

# 좋은 습관이 좋은 인상을 만든다

피부와 얼굴과 체형 관리는 습관이다. 습관은 제2의 천성이라는 말이 있다. '어떤 행위를 오랫동안 되풀이하는 과정에서 저절로 익힌 행동방식'이 습관이다. 좋은 습관을 유지하면 멋지고 아름다운 모습을 유지하고, 나쁜 습관은 빠른 노화와 건강 악화를 불러온다. 이 책은 자신의 피부와 얼굴과 체형을 스스로 관리할 수 있는 내용으로 채워졌다. 누구나 멋지고 좋은 이미지를 가질 수 있도록 좋은 습관을 지니도록 하려는 의도다.

좋은 습관을 지니려면 먼저 피부와 얼굴과 체형 관리 방법을 알아야 한다. 조금만 알고 실천해도 건강하고 아름답게 살 수 있다. 그래서 평소 많은 사람이 궁금하던 내용을 골라 담아 하나하나 따